James Hamilton

Die Eigenbau-Werkstatt

Schlaue Vorrichtungen und kleine Maschinen aus Multiplex und T-Nut-Schienen

HolzWerken

Impressum

Originalausgabe:

„The Homemade Workshop.
Build Your Own Woodworking Machines & Jigs“

This edition published by arrangement with Popular Woodworking Books, an imprint of Penguin Publishing Group, a division of Penguin Random House LLC.

Deutsche Ausgabe: © 2021 Vincentz Network, Hannover
„Die Eigenbau Werkstatt. Schlaue Vorrichtungen und kleine Maschinen aus Multiplex und T-Nut-Schienen“: Die deutsche Ausgabe ist um die letzten beiden Kapitel der Originalausgabe gekürzt.

Übersetzung: Michael Auwers, Dassel
Produktion: Grafisches Centrum Cuno, Calbe
Printed in the EU

ISBN: 978-3-74860-426-6
Best.-Nr. 21636

HolzWerken
Ein Imprint von Vincentz Network GmbH & Co. KG
Plathnerstr. 4c, 30175 Hannover
www.holzwerken.net

Die in den USA üblichen Nutsägeblätter sind im deutschsprachigen Raum zwar erhältlich, aber unüblich. Neben Sicherheitsrisiken ist auch zu bedenken, ob entsprechende Sägeblätter auf Ihre Maschine passen. Nuten können auch mit jedem herkömmlichen Kreissägeblatt geschnitten werden.

Weitere Materialien kostenlos online verfügbar!

http://www.holzwerken.net/bonus

Ihr exklusiver Bonus an Informationen!
Ergänzend zu diesem Buch bietet Ihnen *HolzWerken* Bonus-Materialien zum Download an.
Scannen Sie den QR-Code oder geben Sie den Buch Code unter www.holzwerken.net/bonus ein und erhalten Sie kostenfreien Zugang zu Ihren persönlichen Bonus-Materialien!

Buch-Code: TE1117

Inhalt

Der Autor über den Autor

Manch einer mag sich wundern, was hinter einem Spitznamen wie „Stumpy Nubs" (‚Kurze Stummel') steckt. Fehlen ihm ein paar Finger? Ein paar Kerzen im Kronleuchter? Wenn man mich fragt, halte ich immer meine Hände hoch, zeige zehn unversehrte Finger und ein Lächeln, das eine Mischung aus freundlich und „er hat sie doch nicht alle, oder?" ist. Weil man schon etwas verrückt sein muss, um zu machen, was ich mache. Ich bin ein hauptberuflicher Holzwerker, der selten Werkstücke aus Holz verkauft. Ja, ich baue alles Mögliche, von Schatullen und Vogelhäuschen bis hin zu Schränken und anderen Möbeln. Und man sagt mir, dass ich sehr gute Dinge baue – aber ich bestreite meinen Lebensunterhalt nicht mit dem Möbelbau.

Ich baue Werkstätten. Ich zeige, wie man ein Paradies der Holzbearbeitung schaffen kann, auch wenn man nur wenig Raum und noch weniger finanzielle Mittel hat. Ich zeigen normalen Holzwerkern, wie sich ein Keller, eine Garage, ein Schuppen oder Wintergarten zu einer funktionsfähigen Möbelfabrik umwandeln lassen (oder einfach nur in eine entspannende Höhle mit Sägespänen auf dem Fußboden, wo man sich als Mann ein Wochenende vertreiben kann). Ich bin autodidaktischer Werkzeugexperte, Ingenieur, Autor, Lehrer und Videoproduzent. Aber ich habe diesen Traum nicht schon immer leben können. 20 Jahre lang habe ich einen Familienbetrieb geführt und meine Holzliebhaberei nur stundenweise an den Wochenenden ausleben können. Mein Traum war damals, irgendwann zwischen Renteneintritt und Todestag ausgiebig in der Werkstatt arbeiten zu können.

Das Holzwerken kann man aber nicht lange aus dem eigenen System verbannen. Ab 2008 widmete ich mich hauptberuflich dem Holzwerken. Ich schuf eine Internetseite mit regelmäßigen wöchentlichen Video-Beiträgen, die sich vor allem um das Thema ‚Werkstatt' drehten. Aus jenen kleinen Anfängen ist eine der beliebtesten multimedialen Ressourcen zum Thema Holzbearbeitung geworden, die es auf dem amerikanischen Markt gibt. Inzwischen produzieren wir drei verschiedene Internetsendungen über das Holzwerken. Ich habe Dutzende von einzigartigen Hilfsvorrichtungen und Maschinen konstruiert und hatte die Ehre, Beiträge, Blogs, Kurse und pädagogisches Material für einige der angesehensten Institutionen unseres Handwerks zur Verfügung stellen zu dürfen. Das ist eine echte Errungenschaft für einen Niemand mit einem dümmlichen Spitznamen. Es vergeht kein Tag, an dem ich nicht an jene denke, die mir auf dem Weg dorthin geholfen haben.

Charles Neil, der beste Tischler, den ich je kennengelernt habe, stand mir als Mentor zur Seite, obwohl ich ihn einen Hinterwäldler genannt habe. Das amerikanische Familienunternehmen Rockler (Tischlerbedarf und Beschläge) unterstützte uns schon, als wir kaum mehr als ein paar Tausend Zuschauer hatten. Der Verlag Popular Woodworking Books war risikofreudig genug, mir die Chance zu geben, mein erstes Buch zu veröffentlichen. Und mein Vater, den die Zuschauer unserer Sendungen als „Mustache Mike" kennen, hat von Anfang an in aller Bescheidenheit die Rolle meines „Handlangers" gespielt. Es war eine großartige Reise, und das Beste daran ist, dass wir immer noch an ihrem Anfang stehen!

Einleitung

Als ich meine erste Werkstatt einrichtete, konnte ich mir keine Bandsäge leisten. Ich hätte zwar sparen können, bescheiden sein, vielleicht den einen oder anderen Gang zum Büffet auslassen, bis ich genug Geld beisammengehabt hätte, um mir ein gutes gebrauchtes Exemplar kaufen zu können. Aber ich stamme aus einer langen Linie von Bastlern. Mein Urgroßvater war Metallarbeiter. Mein Großvater war Brunnenbauer. Wenn sie vor einem Problem standen, bauten sie eine Lösung aus den Baustoffen, mit denen sie vertraut waren (und zusätzlich etwas Panzerband). Also überlegte ich, ob es vielleicht möglich wäre, eine Bandsäge selbst zu bauen.

Es dauerte nicht lange, bis ich eine Antwort hatte. Es stellte sich heraus, dass der Eigenbau von Holzbearbeitungsmaschinen früher ziemlich beliebt war. In den Tagen vor den preiswerten Importmodellen waren Werkzeuge und Maschinen sehr teuer. Also begannen kreative Holzwerker, ihre eigenen Maschinen herzustellen. Eines meiner Lieblingsstücke fand ich in einer alten Ausgabe der Zeitschrift *Popular Mechanics*. Es war ein detaillierter Plan für eine Bandsäge aus Stahlfittings. Später stellte ich fest, dass mindestens ein Unternehmen (Gilliom Manufacturing unter dem Namen "Gil-Bilt") jahrelang Beschläge hergestellt hatte, die sich mit Holzbestandteilen zu Holzbearbeitungsmaschinen aller Art zusammenbauen ließen. Ich entdeckte also, dass ich nicht nur meine eigenen Maschinen bauen konnte, sondern dass andere es schon jahrzehntelang getan hatten!

Bis in die 1980er Jahre. Das Jahrzehnt brachte nicht nur ausgeblichene Jeans und Stirnbänder mit sich, sondern auch eine Flut von Importen von asiatischen Märkten. Plötzlich kostete eine neue Bandsäge nur noch halb so viel wie zuvor. Die Welle der selbst gebauten Maschinen ebbte ebenso schnell wieder ab wie die Karriere von Don Johnson nach „Miami Vice“. Das sollen jetzt aber genug Hinweise auf die Popkultur der 80er sein, wenden wir uns dem Kern der Angelegenheit zu. Heutzutage feiern Eigenanfertigungen von Holzbearbeitungsmaschinen ein Comeback. Es geht aber nicht nur darum, ein paar Euro zu sparen.

Warum Maschinen selbst bauen?

Mehr Funktionalität

Ich habe das Gefühl, die Maschinenhersteller haben uns im Stich gelassen. Seit Jahren werfen sie immer wieder die gleichen alten Klamotten auf den Markt, selten einmal etwas Innovatives. Natürlich gibt es einige Ausnahmen. Aber die geläufigsten Maschinen haben sich seit Generationen nicht verändert. Bleiben wir bei der Bandsäge und nehmen sie als Beispiel. Die heutigen neuen Modelle sehen den alten riemengetriebenen Exemplaren in den Museen sehr ähnlich. In der Zwischenzeit hat ein Typ namens Bell einen Kasten mit einem Mikrophon erfunden, aus dem sich der Telefonapparat mit Gabel und Hörer, die Tastenwahl, das Mobilteil für das Festnetz, das Mobiltelefon und schließlich die Videotelefonie entwickelt haben – und wir arbeiten immer noch mit der grundsätzlich unveränderten Bandsäge!

Wo sind der eingebaute Schiebetisch, die integrierte Staubabsaugung, die auch wirklich Staub absaugt, oder die platzsparende Konstruktion, die mehr als 350 mm Durchlass bietet, ohne eine drei Meter große Maschine mit riesigen Rollen zu erfordern? Mein Eigenbau weist alle diese Merkmale auf, und sie ist erst ein Anfang.

Wenn man eine Maschine selbst baut, kann man nämlich selbst entscheiden, welche Merkmale einem wichtig sind. Mit etwas Gedankenarbeit (und der Hilfe dieses Buches wie auch der Internetseite stumpynubs.com) kann man Maschinen bauen, die jenen aus dem Handel um Jahre voraus sind.

Was braucht man, um anzufangen?

Diese Werkstücke können mit grundlegenden Werkzeugen und Kenntnissen der Holzverarbeitung hergestellt werden. Ein paar Dinge benötigt man aber doch:

- **Geduld:** Am wichtigsten ist es, sich Zeit zu lassen. Sorgen Sie dafür, dass Ihre Schnitte genau und gerade sind, setzen Sie die Teile sorgfältig zusammen, und kontrollieren Sie alles mehrmals, bevor Sie Leim oder Befestigungsbeschläge einsetzen. Nehmen Sie sich auch die Zeit, Ihr Werkzeug auf genaue Einstellung zu kontrollieren. Es geht nicht um Geschicklichkeit; es geht darum „zweimal zu messen und einmal zu schneiden", wie man so schön sagt.
- **Tischkreissäge:** Es ist zwar möglich, gerade und präzise Schnitte mit einer Handkreissäge an einer Führungsschiene auszuführen. Aber mit der Tischkreissäge wird Ihre Arbeit sehr viel leichter. Es muss kein teures Modell sein; stellen Sie nur sicher, dass der Anschlag genau parallel zum Sägeblatt steht.
- **Ständerbohrmaschine:** Bei manchen dieser Werkstücke müssen Löcher genau senkrecht zur Oberfläche der Bauteile gebohrt werden. Eine preiswerte Ständerbohrmaschine ist das beste Werkzeug für diese Arbeit, sie lässt sich jedoch auch mit einer Handbohrmaschine und einer entsprechenden Vorrichtung ausführen.
- **Zusätzliche Werkzeuge:** Ein Druckluftnagler erhöht die Arbeitsgeschwindigkeit, weil man weniger Zeit damit verbringt, Bauteile einzuspannen. Ein einfacher Handoberfräsentisch ist ebenfalls sehr hilfreich. Falls Sie keinen besitzen, sollten Sie vielleicht ins Auge fassen, dieses Werkstück als erstes aus dem Buch nachzubauen. Alle anderen Arbeiten können mit einfachen Werkzeugen durchgeführt werden, die Sie vermutlich schon besitzen.

Geringere Kosten

Sich seine eigenen Holzbearbeitungsmaschinen zu bauen, ist eine großartige Methode, um Geld zu sparen, falls einem das wichtig ist. (Mir ist es wichtig.)

Wir greifen wieder auf das bewährte Beispiel der Bandsäge zurück. Ich bin stolzer Besitzer einer Bandsäge mit 750 Watt Motorleistung und 400-mm-Rollen, die als recht hochwertiges Modell gilt. Sie hat etwa $ 1.000 gekostet. Es gibt auch preiswertere Bandsägen, aber nicht mit der Ausstattung, die in diesem Preissegment üblich ist. Ich habe auch eine nach eigenem Entwurf selbst gebaute Bandsäge. Sie hat die gleichen Merkmale wie das für $ 1.000 gekaufte Modell, und noch viele darüber hinaus. Sie hat mich einschließlich eines gebrauchten Motors etwa $ 100 gekostet. Das ist aber noch nicht alles. Mein Eigenbau hat einen Durchlass von 600 mm. Ein kommerzielles Modell mit einem 600-mm-Durchlass macht einen um einige tausend Dollar ärmer.

Ich besitze außerdem eine selbst hergestellte waagerechte Handoberfräse, eine Trommelschleifmaschine, Vorrichtungen für das Anschneiden von Zinkungen und anderen Verbindungen sowie verschiedene andere Maschinen, die man sonst nur selten in einer kleinen Werkstatt findet, da die kommerziellen Versionen das Budget des durchschnittlichen Holzwerkers bei weitem übersteigen. Meine Werkstatt ist viel besser ausgestattet als viele professionelle Werkstätten. Das hat einen einfachen Grund: Ich baue meine eigenen Maschinen.

Bessere Verfügbarkeit

Wir finanzieren unsere Arbeit zum Teil durch den Verkauf von Bauplänen und -anleitungen für die Maschinen, die ich entwerfe (stumpy nubs.com/homemade-tools.html).

Tausende von Holzwerkern haben diese Maschinen gebaut, worauf ich recht stolz bin. Aber der beste Teil meiner Arbeit ist das Lesen der E-Mails von Holzwerkern aus Gegenden, in denen es schwer ist, Holzbearbeitungsmaschinen zu bekommen oder ihre Einfuhr außerordentlich teuer ist. Viele der Schreiber in Europa, Afrika und Asien haben festgestellt, dass der Eigenbau die einzige Methode ist, jemals manche der Maschinen zu besitzen, die andere ganz leicht kaufen können.

Eine Bandsäge, die in den USA $ 1.000 kostet, kann in manchen anderen Ländern das Doppelte oder Dreifache kosten. Manchmal ist eine kommerzielle Version überhaupt nicht käuflich zu erwerben. Die Verfügbarkeit ist vielleicht nicht für jeden ein Problem, für manch einen ist es aber ein wichtiger Grund, sich eigene Maschinen zu bauen.

Eindruck schinden

Mein Nachbar kam einmal zu mir, um mir ein Schneidbrett zu zeigen, das er gemacht hatte. Er war sehr stolz auf sein Werk, so wie es jeder ist, der etwas mit seiner eigenen Hände Arbeit geschaffen hat. Ich machte ihm Komplimente und redete mit ihm über das Schneidbrett, bis er erwähnte, dass er es noch zu Ende schleifen müsste. Als guter Nachbar bot ich ihm an, das für ihn zu erledigen, und stellte meine selbst gebaute Trommelschleifmaschine an. Sein Unterkiefer klappte nach unten, als ich das Schneidbrett durch die Schleifmaschine schob und dabei demonstrativ jede Einstellschraube und jeden Hebel betätigte, als sei es eine Zeitreisemaschine aus einem Roman von H. G. Wells. Vielleicht halten Sie mich für grausam, ihn so vorzuführen, aber Sie kennen meinen Nachbarn nicht.

Das Erste, was jeder Holzwerker lernen sollte, ist Folgendes: Nichts beeindruckt Freunde (und die Damen) so sehr wie selbst gebaute Maschinen. Führen Sie Ihre Kumpel einmal kurz durch Ihre Werkstatt, und Sie sind bis in alle Ewigkeit der Herrscher im Universum des Holzwerkens! Bei selbst gebauten Maschinen geht es aber nicht nur darum, seine Freunde zu beeindrucken. Denken Sie an die Befriedigung, die Sie verspüren, wenn Sie ein Werkstück vollenden.

Stellen Sie sich jetzt einmal vor, Sie hätten dieses Werkstück mit Maschinen angefertigt, die Sie ebenfalls selbst gebaut haben. Es ist eine Herausforderung, aber es wird Sie erstaunen, was Sie mit den Schritt-für-Schritt-Anleitungen aus diesem Buch alles leisten können. Und das ist ein Gefühl, das jedes Mal wiederkehrt, wenn Sie Ihre neue Maschine einsetzen.

Nicht einschüchtern lassen!

Ich habe festgestellt, dass sich viele Leute von der Vorstellung einschüchtern lassen, etwas derart kompliziertes wie eine Holzbearbeitungsmaschine selbst zu bauen. Natürlich gebe ich zu, dass es eine schwierige Aufgabe sein kann, eine präzise und gut funktionierende Maschine zu entwerfen. Aber diese Arbeit habe ich schon für Sie geleistet! Die Werkstücke in diesem Buch sind entworfen, gebaut, getestet und nochmals getestet worden, die Entwürfe vereinfacht und weiterentwickelt worden, um sie für Sie, den Leser zu verbessern. Wenn ich eine Maschine baue, frage ich mich als erstes, ob und wie der „Otto Normalholzwerker" in der Nachbarschaft (oder am anderen Ende des Landes) sie mit einfachen Werkzeugen und leicht zu erhaltenden Beschlägen nachbauen kann. Es kostet sehr viel Mühe, leicht zu folgende Anleitungen zu schreiben und mit Fotos und Tipps zu versehen, sodass jeder die Werkstücke reproduzieren kann.

Dieses Buch wurde für alle und jeden Holzwerker geschrieben, sodass Sie ein passendes Werkstück finden werden, was für eine Werkstatt Sie auch haben mögen. Besonderes Augenmerk galt dabei jedoch den Besitzern von kleinen Werkstätten.

Da die Handoberfräse eine der wichtigsten, aber auch eine der am ehesten nicht vollkommen ausgereizten Maschinen in der Werkstatt ist, konzentrieren sich die ersten drei Werkstücke darauf, das Meiste aus Ihrer Handoberfräse herauszuholen. Sie finden einen einzigartigen Handoberfräsentisch, einen Oberfräsenlift und einen Anschlag, mit dem Sie die Handoberfräse zum Arbeitspferd in Ihrer Werkstatt machen können.

Danach finden Sie einige neue Maschinen, die Ihre Werkstatt zu einem ganz anderen Unternehmen machen, darunter eine stationäre Stichsäge, einen Schleiftisch mit Absaugung, eine Zyklonabsaugung für die Werkstatt und einen Ablängschlitten für die Tischkreissäge mit Zubehör zum Schneiden von Verbindungen.

Danach geht es weiter mit zwei Maschinen, die für die meisten Werkstätten eine deutliche Erweiterung der Arbeitsmöglichkeiten darstellen werden: einer Trommelschleifmaschine und einer 600-mm-Bandsäge.

Handoberfräsentisch mit Schiebetisch

Ein selbstgebauter Handoberfräsentisch mit einem einzigartigen Schiebetisch macht viele Arbeiten beim Anschneiden von Verbindungen leichter und sicherer!

1

Neben der Tischkreissäge ist der Handoberfräsentisch die wichtigste „Maschine“ in der Werkstatt. Es mag eigenartig wirken, ihn als Maschine zu bezeichnen. Schließlich ist es doch nur ein Tisch, unter dem eine Handoberfräse angebracht ist, oder? Nicht in meiner Werkstatt! Ich habe die normalen Handoberfräsentische satt, die kaum mehr leisten, als meine Handoberfräse kopfüber zu halten, während sie die ganze Arbeit erledigt! Der Tisch sollte nicht nur ein Zubehörteil sein, er sollte ein komplettes Paket sein, das aus der Handoberfräse eine elegante, leistungsfähige Holzbearbeitungsmaschine macht. Das war mein Ziel, als ich mich an diesen Entwurf machte.

Handoberfräsentische für den Eigenbau gibt es wie Sand am Meer, aber einen wie diesen hat es noch nie gegeben. Er übernimmt eine Idee, die seit Jahren bei europäischen Tischkreissägen verwendet wird – den Schiebetisch. Mit einem Schiebetisch lassen sich Ablängschnitte sicherer und präziser ausführen, und an einem Handoberfräsentisch eröffnet er eine vollkommen neue Welt von Möglichkeiten. Man denke nur an die häufige Aufgabe, ein Konterprofil an das Ende eines Frieses für eine Rahmen-und-Füllung-Konstruktion anzuschneiden, wenn man eine Möbeltür baut. Freihändig ist die Arbeit zu gefährlich, deswegen verwenden die meisten Möbelbauer einen Gehrungsanschlag oder einen Schiebeschlitten. Bei diesem Entwurf kann man aber das Fries einfach am Tisch selbst anspannen, da er über T-Nutschienen und einen abnehmbaren Anschlag verfügt. Der gesamte vordere Teil des Tisches bewegt sich am Fräser vorbei und transportiert dabei das Werkstück sicher mit sich. Es ist präziser, es ist sicherer, und es ist nur der Anfang dessen, was man mit dieser einzigartigen Innovation bei der Konstruktion von Eigenbau-Handoberfräsentischen alles leisten kann.

Wenn man diese Konstruktion mit Schiebetisch in Verbindung mit einem Oberfräsenlift (zum Beispiel unser Eigenbaumodell aus Kapitel 2) und dem einzigartigen Anschlag verwendet, den wir in Kapitel 3 vorstellen, kann man mit der Handoberfräse komplizierte Schwalbenschwanzzinkungen, Fingerzinken und Schlitz-und-Zapfen-Verbindungen schneiden. Der Tisch bietet in seinen sechs Schubladen reichlich Stauraum für Fräser und Zubehör. Außerdem ist er schwer genug, um Schwingungen zu dämpfen, aber so kompakt, dass man ihn auf eine Werkbank stellen kann.

In diesem Kapitel zeige ich Ihnen, wie Sie Ihren eigenen Handoberfräsentisch mit Schiebetisch bauen und wie Sie Ihre Handoberfräse oder deren Grundplatte daran anbringen. Also los!

Handoberfräsentisch mit Schiebetisch

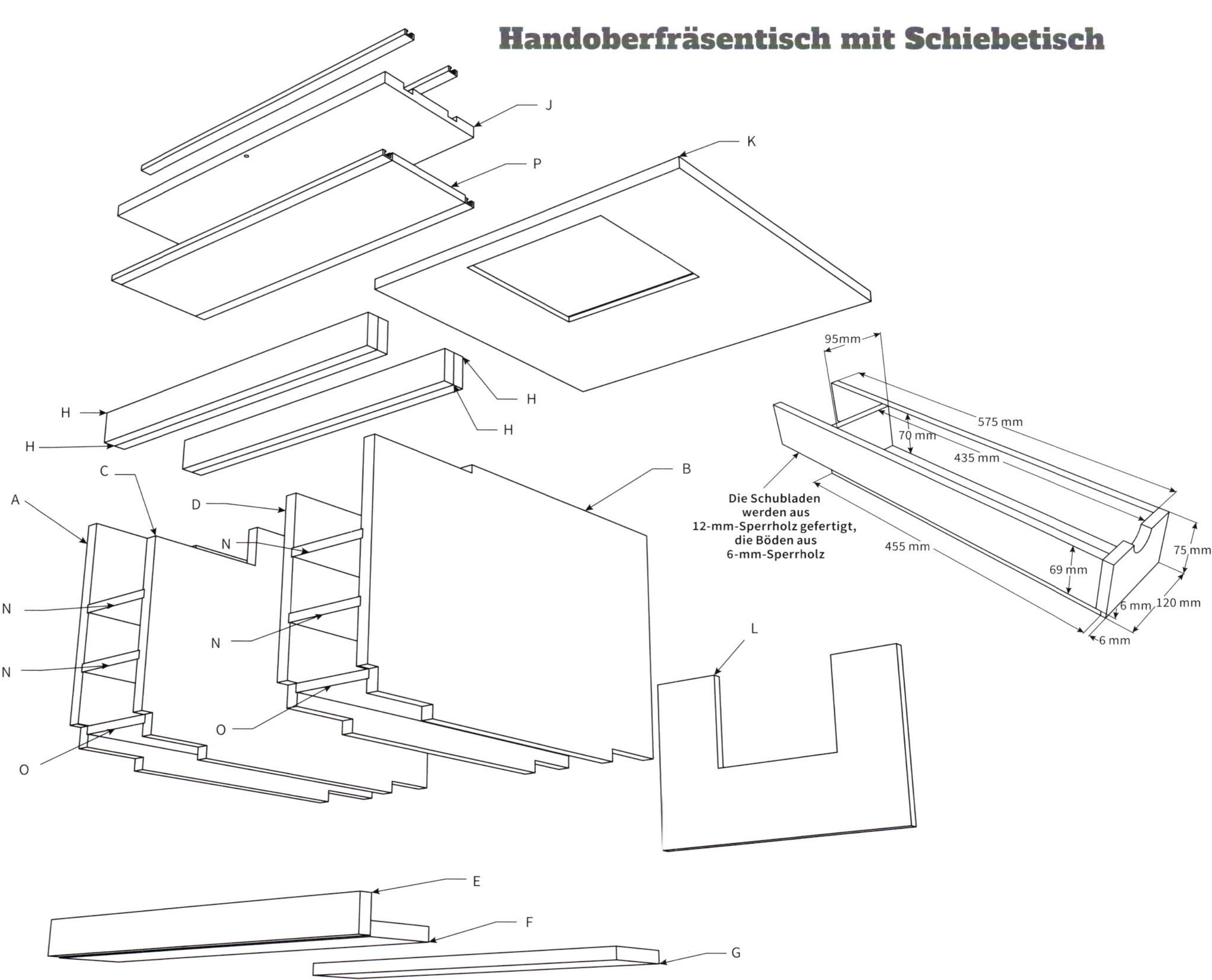

Materialliste				
Anzahl	**Bauteil**	**Bezeichnung**	**Maße**	**Material**
2	Äußere Seitenteile	A & B	610 x 380 mm	20-mm-Sperrholz
2	Innere Seitenteile	C & D	590 x 380 mm	20-mm-Sperrholz
1	Vordere Gehäusetraverse	E	600 x 50 mm	20-mm-Sperrholz
2	Unterer Gehäusetraversen	F & G	600 x 50 mm	20-mm-Sperrholz
4	Trageschienen	H	560 x 50 mm	20-mm-Sperrholz
1	Obere Schiebetischplatte	J	600 x 190 mm	20-mm-Sperrholz
1	Obere Arbeitstischplatte	K	600 x 560 mm	20-mm-Sperrholz
1	Rückwand	L	360 x 560 mm	20-mm-Sperrholz
6	Schubladenvorderstücke	M	75 x 120 mm	20-mm-Sperrholz
4	Obere Regalbretter	N	590 x 230 mm	20-mm-Sperrholz
2	Untere Regalbretter	O	595 x 230 mm	20-mm-Sperrholz
1	Untere Schiebetischplatte	P	600 x 150 mm	20-mm-Sperrholz
12	Schubladenseitenstücke	Q	575 x 70 mm	12-mm-Sperrholz
6	Schubladenhinterstücke	R	70 x 95 mm	12-mm-Sperrholz
6	Schubladenböden	S	120 x 455 mm	6-mm-Sperrholz

Beschläge und Hilfsmittel	
4	T-Nutschiene, 600 mm lang
1	6-mm-Gleitmutter
2	6-mm-T-Nutschrauben, 50 mm lang
2	6-mm-Flügelschrauben
1	6-mm-Flachkopfmaschinen-schraube, 40 mm lang

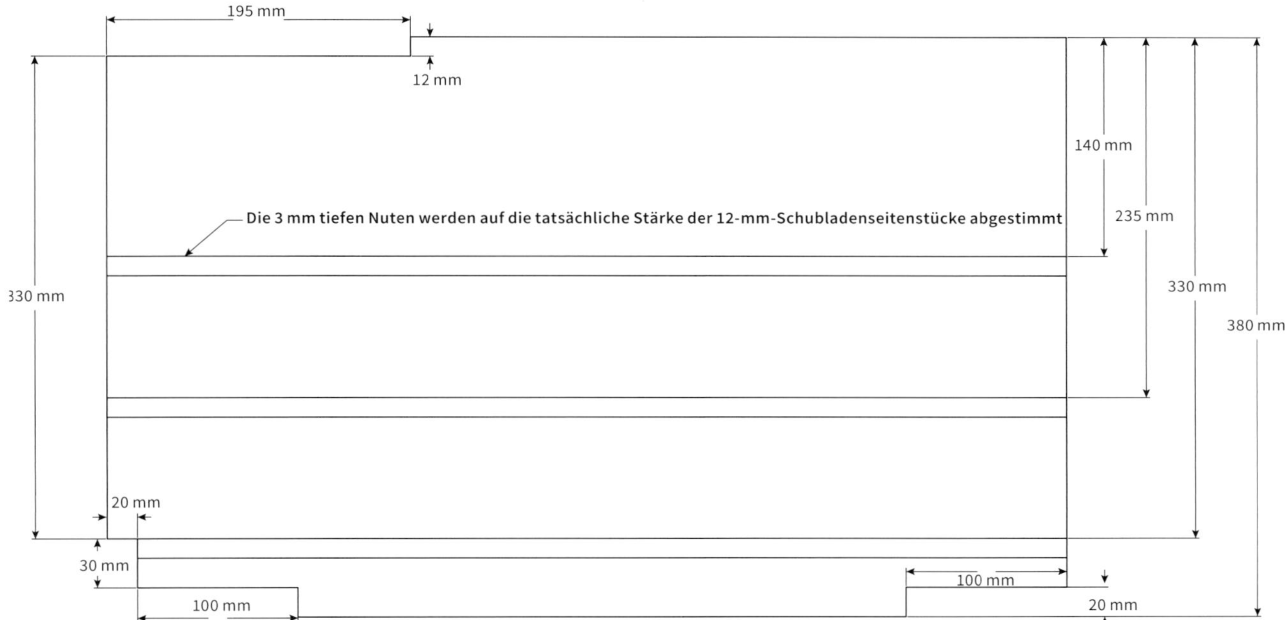

Äußere Seitenteile (A&B)
Hiervon benötigen Sie zwei Stück. Schneiden Sie die Nuten spiegelbildlich auf gegenüberliegenden Seiten ein.

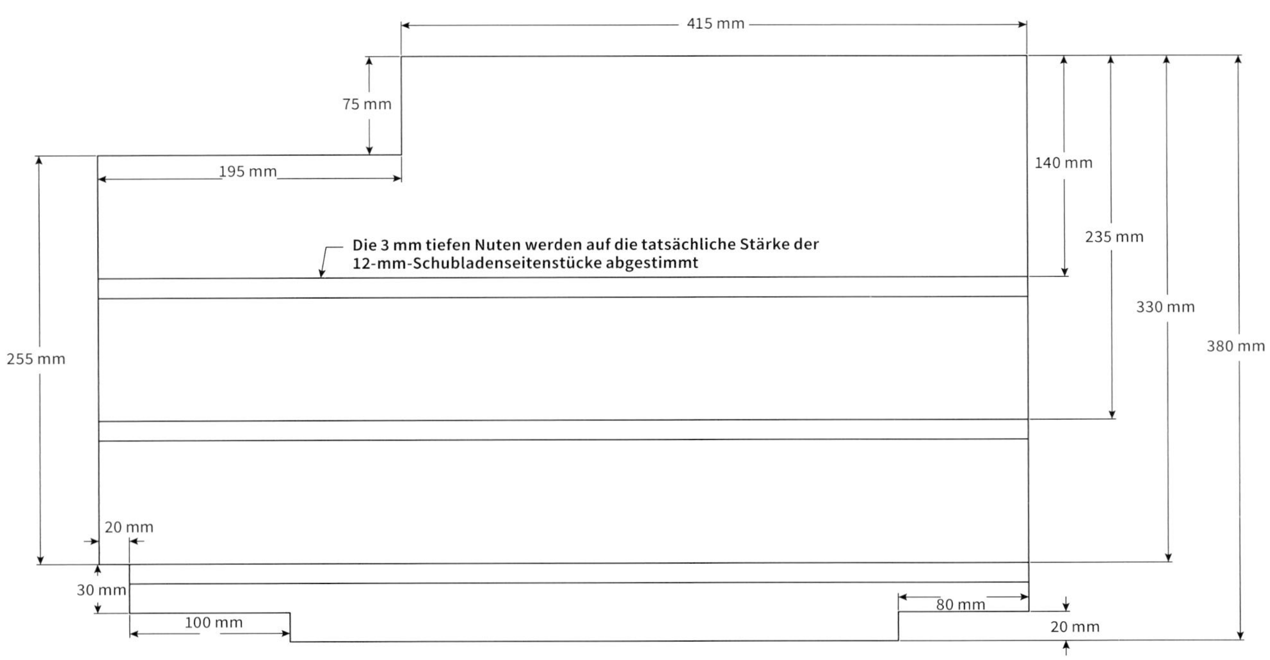

Innere Seitenteile (C&D)
Hiervon benötigen Sie zwei Stück. Schneiden Sie die Nuten spiegelbildlich auf gegenüberliegenden Seiten ein.

Teil Eins: Die Schubladenelemente

SCHRITT 1: Reißen Sie die Ausklinkungen an, die in die Kanten der äußeren (A und B) und inneren Seitenteile geschnitten werden müssen. Am besten lassen sie sich mit der Bandsäge schneiden, aber man kann auch eine Stichsäge verwenden. Lassen Sie sich Zeit, und achten Sie darauf, sauber und genau auf den Rissen zu schneiden. Die beiden längeren Seitenteile sind in diesem Stadium noch identisch. Die beiden kürzeren sind ebenfalls gleich. Allerdings ist es besser, sie einzeln mit Bleistift und Lineal anzureißen **(ABBILDUNG 1)**, anstatt ein Seitenteil zuzuschneiden und dann seinen Umriss auf das Gegenstück zu übertragen. Die Sorgfalt, mit der man diese Schnitte ausführt, zahlt sich später bei der Funktionsfähigkeit des fertigen Tischs aus.

Abbildung 1

SCHRITT 2: Wenn Sie die Nuten an den Seitenteilen anreißen, bedenken Sie, dass jedes äußere Seitenteil ein zugehöriges, spiegelbildliches inneres Seitenteil bekommt. Das heißt, dass die Nuten auf der einen Seite des äußeren Seitenteils A und auf der gegenüberliegenden Seite des inneren Seitenteils C geschnitten werden; bei den Seitenteilen B und D gilt das Gleiche **(ABBILDUNG 2)**.

Die Nuten sind jeweils 3 mm tief. Die Breite hängt von der Stärke des 12-mm-Sperrholzes ab, da die Nennstärke bei Holzwerkstoffplatten nicht immer genau der tatsächlichen Stärke entspricht. Falls Sie keine Nutsägeblatt für Ihre Tischkreissäge besitzen, verwenden Sie eine Handoberfräse und Führungsschiene.

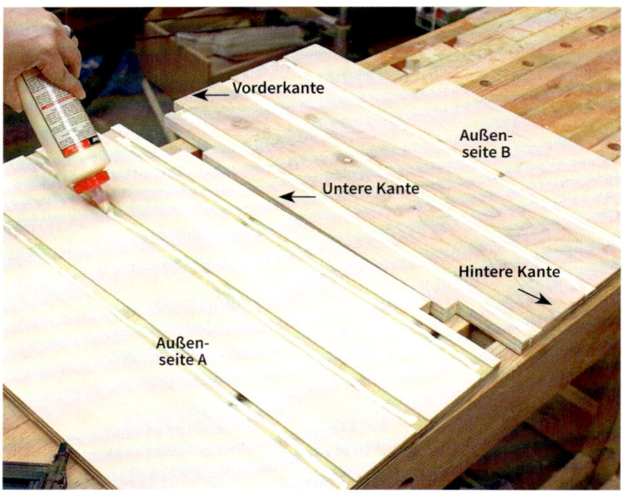

Abbildung 2

SCHRITT 3: Legen Sie die äußeren Seitenteile (A und B) mit den genuteten Seiten nach oben auf die Werkbank. (Denken Sie daran, dass die äußeren Seitenteile etwas breiter sind als die inneren.) Leimen Sie ein unteres Regalbrett (O) in die untere Nut jedes Seitenteils. Die Regalbretter sind kürzer als die Seitenteile breit sind, sie müssen also richtig positioniert werden. Diese beiden unteren

Abbildung 3

Bauteile beschriften!

Die Bauteile eines Werkstücks geraten schnell durcheinander! Verwenden Sie einen Bleistift, um jedes Teil, wenn Sie es auf Maß geschnitten haben, mit dem Buchstaben zu beschriften, der in der Materialliste angegeben ist. Es ist zudem eine gute Idee, jeweils die Oberkante und Vorderseite der wichtigen Bauteile zu markieren.

Abbildung 4

Abbildung 5

Abbildung 6

Abbildung 7

Regalbretter sollten bündig mit der Ausklinkung an der Vorderkante des Seitenteils abschließen.

SCHRITT 4: Leimen Sie dann die oberen Regalbretter (N) in die anderen Nuten **(ABBILDUNG 3)**. Diese schließen ebenfalls bündig mit den Vorderkanten der Seitenteile ab. Legen Sie die inneren Seitenteile (C und D) oben auf, und stecken Sie die Regalbretter in die zugehörigen Nuten **(ABBILDUNG 4)**. Kontrollieren Sie die Montage auf Rechtwinkligkeit, bevor Sie Zwingen ansetzen oder Drahtstifte einschlagen. Sie haben jetzt zwei Schubladenelement, die sich spiegelbildlich gleichen **(ABBILDUNG 5)**.

SCHRITT 5: Stellen Sie die beiden Schubladenelemente auf der Werkbank nebeneinander. Die Unterseiten (bei denen sowohl die vorderen als auch die hinteren Ecken ausgeklinkt sind) weisen nach oben. Die Innenseiten der Schubladenelemente müssen zueinander weisen. Legen Sie die Traversen (F und G) in die Ausklinkungen, indem Sie die Schubladen auseinanderschieben, um Platz für die Traversen zu schaffen. Stellen Sie sicher, dass die Schubladenelemente parallel zueinanderstehen, und bringen Sie dann die Traversen mit Schrauben an **(ABBILDUNG 6)**. Befestigen Sie dann die vordere Traverse (E) mit Schrauben in den Ausklinkungen an der Vorderseite der Schubladenelemente **(ABBILDUNG 7)**.

SCHRITT 6: Stellen Sie die Montage aufrecht hin, und bringen Sie die Trageschienen für den Schiebetisch (H) an. Leimen Sie dazu die vier Einzelteile zu zwei stärkeren Trageschienen zusammen. Sie werden sich daran erinnern, dass die beiden inneren Seitenteile der Schubladenelemente an der Oberkante große Ausklinkungen aufweisen. In diese Ausklinkungen werden die beiden Trageschienen eingelegt, sodass sie von einem Element zum anderen reichen. Legen Sie eine der Schienen an der Vorderkante der Ausklinkungen an und die andere an der Hinterkante. Die Enden der Trageschienen sollten stumpf an den Innenseiten der äußeren Seitenteile anstoßen. Sie werden mit Schrauben befestigt, die durch die äußeren Seitenteile in die Enden der beiden Trageschienen gedreht werden **(ABBILDUNG 8)**. Vielleicht möchten Sie zusätzlich Schrauben durch die hintere Schiene in die Kanten der zwei inneren Seitenteile treiben. Stellen Sie sicher, dass die beiden Schienen parallel zueinander und zu den Oberkanten der beiden Schubladenelemente verlaufen, bevor Sie sie befestigen. Dies ist entscheidend!

Führungsaufgaben

Drehen Sie nie eine Schraube ein, ohne vorher ein Führungsloch gebohrt zu haben, vor allem nicht in die Kante einer Sperrholzplatte! Sie verhindern damit nicht nur das Reißen des Materials, sondern auch, dass die Schrauben verrutschen, während sie sich ihren Weg durch die Sperrholzlagen bahnen. Präzise positionierte Führungslöcher sind auch wichtig, wenn es darum geht, die T-Nutschienen in diesem und anderen Werkstücken im Buch anzubringen.

Abbildung 8

SCHRITT 7: Bringen Sie die Rückwand (L) mit Schrauben an der hinteren Seite der beiden Schubladenelemente an. Falls Sie nicht vorhaben, meinen Oberfräsenlift mit der eingebauten unteren Staubabsaugung am Handoberfräsentisch anzubringen, sollten Sie ein Loch in die Rückwand schneiden, um den Anschluss an Ihre Staubabsauganlage anzubringen. Falls Sie meinen Lift verwenden wollen, schneiden Sie eine große Öffnung in die Rückwand, damit Sie hineinfassen können, um den Schlauch einer Absauganlage direkt am Oberfräsenlift anbringen zu können.

Teil Zwei: Das Oberteil

HINWEIS: Die nächsten Schritte müssen sorgfältig ausgeführt werden. Jedes Bauteil muss präzise ausgerichtet werden, wenn es angebracht wird. Verwenden Sie die Vorderkante des Unterbaus als Bezugskante. Alle anderen Bauteile müssen parallel zu dieser Kante verlaufen.

SCHRITT 8: Schneiden Sie zwei T-Nutschienen auf 600 mm Länge zu. Befestigen Sie eine T-Nutschiene an der vorderen Trageschiene, sodass sie bündig an deren Vorderkante liegt (**ABBILDUNG 9**). Achten Sie darauf, die Führungslöcher für die Schrauben genau in den Löchern der T-Nutschiene zu zentrieren, damit sich die T-Nutschiene beim Eindrehen der Schrauben nicht verschiebt.

SCHRITT 9: Legen Sie die untere Platte des Schiebetischs (P) auf die Trageschienen, sodass er an der vorderen T-Nutschiene anliegt. Bringen Sie an der hinteren Kante der Platte eine zweite T-Nutschiene an, indem Sie sie an der Trageschiene anschrauben (**ABBILDUNG 10**).

SCHRITT 10: Legen Sie die obere Platte (K) auf die Schubladenelemente. Richten Sie die Vorderkante bündig an der oberen Kante der Ausklinkungen über der T-Nutschiene aus. Führen Sie einen Kombiwinkel an der Kante der Platte entlang, um sicherzustellen, dass sie genau parallel zur Vorderseite des Unterbaus verläuft (**ABBILDUNG 11**), und befestigen Sie die obere Platte dann mit versenkten Schrauben. Bringen Sie je vier Schrauben an der Vorder- und Hinterkante an und je zwei an den beiden Seitenkanten.

Abbildung 9

Abbildung 10

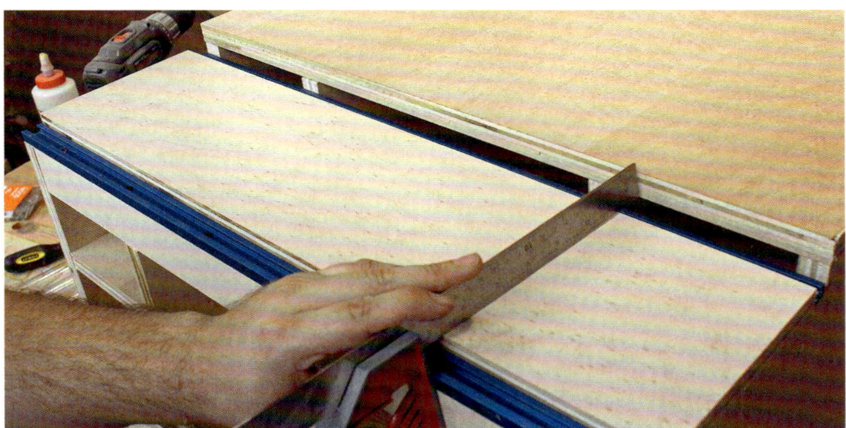

Abbildung 11

Abbildung 12

Abbildung 13

SCHRITT 11: Schneiden Sie als Aufnahmen für die T-Nutschienen zwei Nuten in die obere Platte; eine etwa 40 mm von der Vorderkante, die zweite in der gleichen Entfernung von der Hinterkante. Die Breite und Tiefe der Nuten hängt von den Abmessungen der T-Nutschienen ab, die von Hersteller zu Hersteller variieren (z. B. 17 mm breit und 10 mm tief).

SCHRITT 12: Legen Sie die obere Platte auf die untere mit den beiden T-Nutschienen, die Sie zuvor angebracht haben. Verwenden Sie Unterlegscheiben, um eine gleichmäßige Fuge zwischen der Kante der oberen Schiebetischplatte und dem Arbeitstisch des Schranks zu erreichen **(ABBILDUNG 12)**. Befestigen Sie dann die obere Platte des Schiebetischs, indem Sie versenkte Schrauben durch die Platte in die darunter liegende untere Platte drehen.

SCHRITT 13: Bringen Sie die T-Nutschienen in den Nuten des soeben zusammengebauten Schiebetischs an **(ABBILDUNG 13)**.

Abbildung 14

Abbildung 15

SCHRITT 14: Legen Sie die Schiebetisch wieder auf, und messen Sie die Entfernung von der Vorderkante bis zur Mitte der darunter liegenden vorderen T-Nutschiene **(ABBILDUNG 14)**. Übertragen Sie dieses Maß auf die Mitte der Vorderkante des Schiebetischs, und bohren Sie dort ein versenktes 6-mm-Loch. Bringen Sie eine kurze Flachkopfschraube mit Maschinengewinde und eine T-Mutter als Verriegelung an, um den Schiebetisch zu arretieren, wenn er sich nicht bewegen soll **(ABBILDUNG 15)**.

Teil Drei: Die Schubladen

SCHRITT 15: Legen Sie alle sechs Schubladenvorderstücke (M) zurecht. Stellen Sie Ihr Kreissägeblatt (oder das Nutsägeblatt) auf eine Schnitttiefe von 12 mm ein, und schneiden Sie an der Unterkante jeweils einen 6 mm breiten Falz an **(ABBILDUNG 16)**. Nach Wunsch können Sie auch ein Griffloch in die Vorderstücke bohren **(ABBILDUNG 17)**, falls Sie keine Griffe an den Schubladen anbringen möchten.

SCHRITT 16: Befestigen Sie die Vorderstücke mit Drahtstiften und Leim an den Enden Schubladenseitenstücke (Q). Die Oberkanten der Seitenstücke sollten bündig mit denen der Vorderstücke abschließen. Die Decken der Fälze an den Unterkanten der Vorderstücke sollten über die Seitenstücke hinausragen **(ABBILDUNG 16)**.

SCHRITT 17: Bringen Sie die Schubladenböden (S) an. Sie werden in die Fälze der Vorderstücke eingelegt **(ABBILDUNG 18)**, sind aber nicht so lang wie die Seitenstücke. So wird sichergestellt, dass man die Schubläden weit genug herausziehen kann, um den gesamten Inhalt sehen zu können, ohne dass man Gefahr läuft, sie ganz herauszuziehen.

SCHRITT 18: Bringen Sie schließlich die Hinterstücke (R) zwischen den Seitenstücken an der hinteren Kante der Schubladenböden an **(ABBILDUNG 19)**.

Oberfräsenlift?

Dieser Handoberfräsentisch wurde auf meinen Oberfräsenlift abgestimmt (vgl. Kap. 2). Sie können ihn aber auch mit einem kommerziellen Oberfräsenlift ausstatten oder ganz auf diese Möglichkeit verzichten. Achten Sie jedoch darauf, dass die Vorrichtung auf jeden Fall in die 275 mm weite Öffnung zwischen den beiden Schubladenelementen passen muss.

Abbildung 16

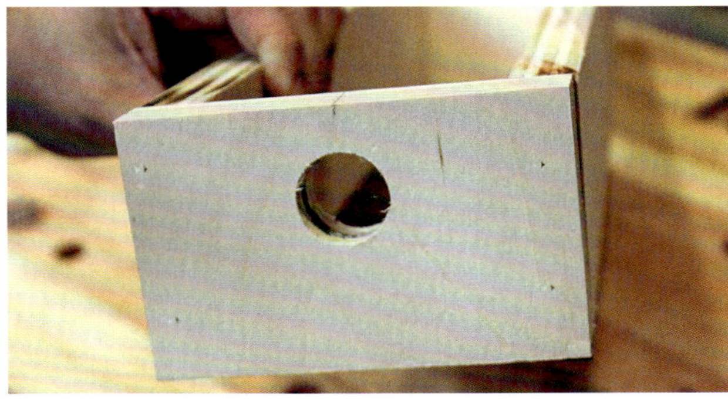

Abbildung 17

Abbildung 18

Abbildung 19

Teil Vier: Montage der Handoberfräsen-Grundplatte

SCHRITT 19: Unabhängig davon, ob Sie die Grundplatte Ihrer eigenen Handoberfräse verwenden oder meinen Oberfräsenlift, legen Sie zuerst die Grundplatte auf den Arbeitstisch. Sie muss genau mittig zwischen den beiden Seiten und etwa 40 mm vom Schiebetisch liegen. Ihre Kante muss genau parallel zum Schiebetisch verlaufen. Wenn Sie mit der Positionierung zufrieden sind, übertragen Sie den Umriss der Grundplatte sorgfältig mit einem spitzen Bleistift (**ABBILDUNG 20**).

Abbildung 20

SCHRITT 20: Rüsten Sie eine Handoberfräse mit einem 12-mm-Nutfräser aus, und stellen Sie die Schnitttiefe auf die Stärke der Grundplatte plus etwa 0,5 mm ein. Fräsen Sie vorsichtig im Abstand von 1 mm am Bleistiftriss entlang. Wiederholen Sie die Fräsung direkt am Riss, um das zuvor stehengelassene Material zu entfernen. Auf diese Weise können Sie schnell und präzise freihändig fräsen (**ABBILDUNG 21**).

Abbildung 21

SCHRITT 21: Schneiden Sie das Mittelstück mit der Stichsäge frei. Sägen Sie dafür an der Innenkante der Nut entlang, die Sie mit der Handoberfräse geschnitten haben. So entsteht am Umfang des Ausschnitts ein Falz (**ABBILDUNG 22**).

Abbildung 22

SCHRITT 22: Bringen Sie die Hebevorrichung oder die Grundplatte an. Verwenden Sie gegebenenfalls Zulagen aus Papier, um sie mit der Oberfläche des Arbeitstischs bündig abschließen zu lassen. Das Gewicht der Handoberfräse und der Höhenverstellung sollten in Verbindung mit dem Formschluss der Kanten dafür sorgen, dass sie sicher gehalten wird **(ABBILDUNG 23)**.

SCHRITT 23: Falls Sie meinen Oberfräsenlift installieren, müssen Sie den vorderen Arretiergriff abnehmen und die Schlossschraube so weit wie möglich in den Lift stecken. Je nach Länge der Schlossschraube muss sie eventuell mit einer Metallsäge etwas gekürzt werden, bis der Lift in den Ausschnitt des Arbeitstischs passt, ohne dass die Schlossschraube im Weg ist. Danach kann der Arretiergriff wieder angebracht werden **(ABBILDUNG 24)**. Dieser Handoberfräsentisch kann mit jedem beliebigen Anschlag ausgerüstet werden, aber ich empfehle die Verwendung des verstellbaren Anschlags, den wir speziell für den Tisch entworfen haben. In Verbindung mit dem Schiebetisch lassen sich an diesem Anschlag Schwalbenschwanzzinkungen, Fingerzinken und vieles anderes mehr schneiden. Den Anschlag bauen wir in Kapitel Drei, aber zuerst wollen wir uns dem Oberfräsenlift zuwenden.

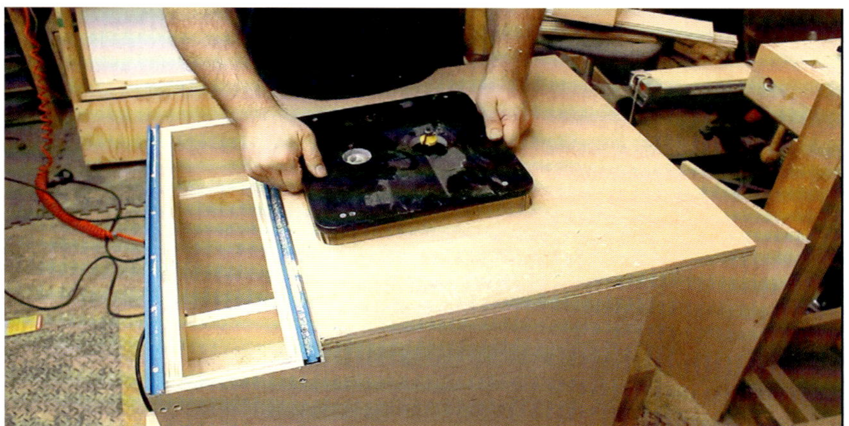

Abbildung 23

Abbildung 24

Gratis im Internet

Dieser Handoberfräsentisch ist eine der am häufigsten verwendeten Maschinen, die wir in den Videoclips auf „The Homemade Workshop“ vorstellen. Die Videos helfen Ihnen, das Beste aus Ihrem Werkstück zu machen, vor allem wenn es um die Verwendung des Schiebetischs geht. Es gibt eine ganze Serie von Clips, die sich speziell mit dieser Maschine beschäftigen: stumpynubs.com/homemade-tools.html

Multifunktionslift für die Handoberfräse

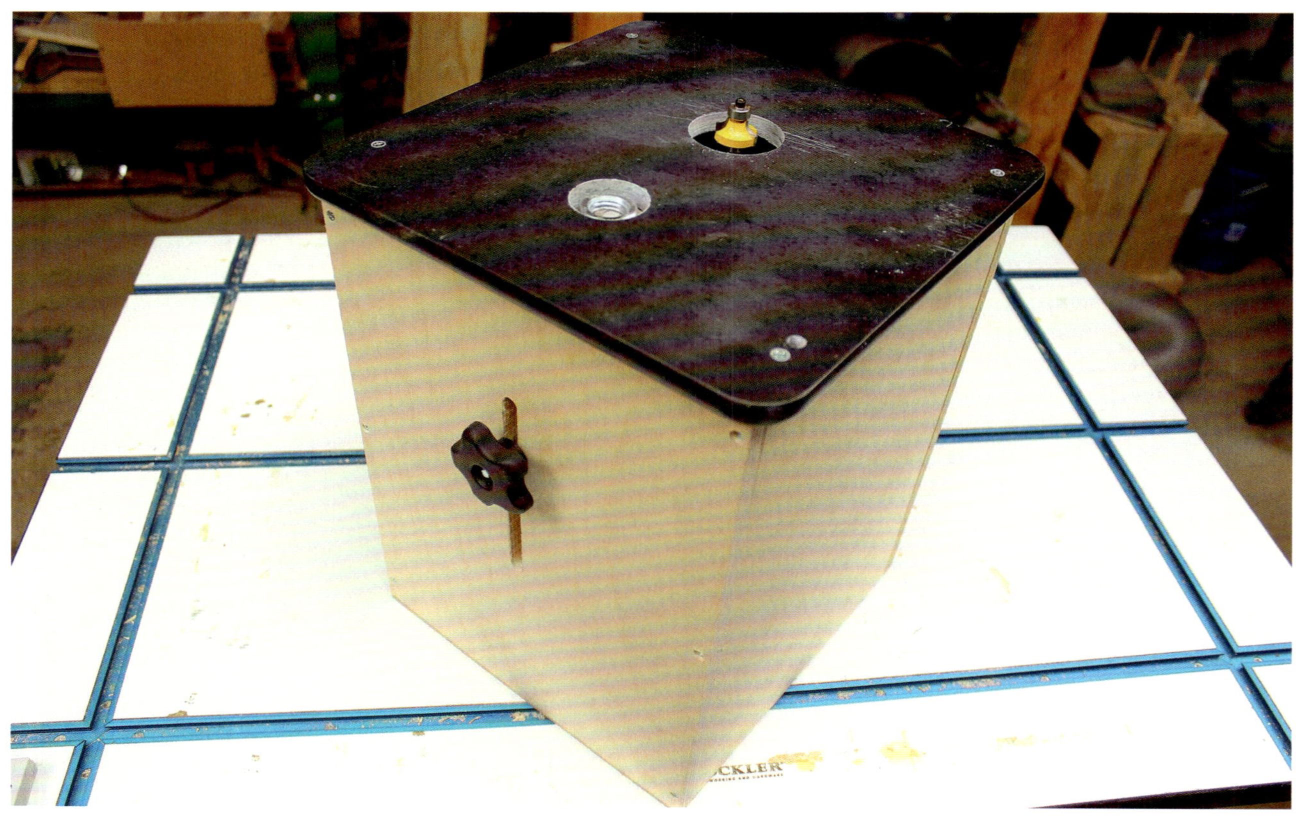

Dieser selbstgebaute Oberfräsenlift lässt sich auch als kompakter Handoberfräsentisch verwenden. Die Fräserhöhe lässt sich präzise von oben einstellen!

2

Oberfräsenlifte gehören zu den Dingen, die Holzwerker der Vergangenheit sprachlos gemacht hätten. Vermutlich hätte die Handoberfräse selbst sie aber noch mehr beeindruckt. Aber die Möglichkeit, diese Handoberfräse viel genauer einstellen zu können als es manuell möglich wäre, und noch dazu, ohne sich je über die Maschine beugen zu müssen— das macht den Oberfräsenlift zu einer Maschine, über die man in der Tat sagt: „Wie habe ich bisher nur ohne leben können?“ Aber dann hätte der Altvordere entdeckt, dass ein solcher Luxus in der Werkstatt ungefähr so viel kostet wie sein bestes Pferd und der Stall, in dem es steht. Also: Es wundert uns eigentlich nicht, dass Thomas Chippendale keinen Oberfräsenlift besaß. Als moderner Holzwerker mit eine modernen Werkstatt voller moderner Maschinen weigere ich mich jedoch, meine Handoberfräse selbst zu heben! Also habe ich meinen eigenen Oberfräsenlift entworfen.

Nun bin ich natürlich nicht der Erste, der sich daran gemacht hat. Aber mein Oberfräsenlift hat einige Merkmale, die für mich entscheidend sind. Zum einen lässt er sich leichtgängig und präzise verstellen. Das ist jedoch kein Zufallsergebnis; es steckt viel Nachdenken dahinter. Ich habe kugelgelagerte Schubladenauszüge verwendet, um Leichtgängigkeit zu erreichen, und mit einer angefasten Führung aus hartem Laubholz kombiniert, die sich mit einem Drehknauf arretieren lässt und dafür sorgt, dass eventuelles Spiel der Schubladenauszüge nicht zu Ungenauigkeiten führt. Die Handoberfräse selbst wird mit maßgefertigten Halterungen und zwei großen Schlauchschellen an dem beweglichen Schlitten befestigt, sodass sie nach Bedarf leicht entnommen und ausgewechselt werden kann.

Um die Höhe zu verstellen, muss man lediglich mit einer Stecknuss eine Mutter drehen, die im Arbeitstisch versenkt ist. Das grobe Gewinde der 20-mm-Gewindespindel hebt die Handoberfräse bei Bedarf schnell an, erlaubt aber auch sehr feine Einstellarbeiten. Die Handoberfräse ist in einem Kasten untergebracht, um den Schall zu dämpfen und die Leistung der Staubabsaugung zu verbessern, die nach hinten über eine 100-mm-Öffnung hinaus geführt wird. Die Luftbewegung der Staubabsaugung sorgt zudem für die Kühlung des Motors, wenn er stark belastet wird. Das bemerkenswerteste Merkmal dieses Oberfräsenlifts ist jedoch die Tatsache, dass er sich alleinstehend verwenden lässt und dann einen kleinen Handoberfräsentisch darstellt, der mit Staubabsaugung versehen ist und sich in der Höhe verstellen lässt. Man kann ihn schnell in den Arbeitstisch der Tischkreissäge oder in einen Handoberfräsentisch einsetzen. Man kann ihn in einem Regal lagern und auf die Werkbank stellen, wenn man ihn benötigt. Man kann ihn sogar mitnehmen und unterwegs zum Fräsen verwenden, falls das erwünscht sein sollte.

In diesem Kapitel zeige ich Ihnen, wie die Maschine gebaut wird, berate Sie bei der Wahl der Handoberfräse, und gebe Ihnen sogar einige Tipps für die Herstellung einer eigenen Handoberfräsengrundplatte. Sie sparen ein paar Hunderter und müssen Ihre Handoberfräse nie wieder mit der Hand anheben!

Multifunktionslift

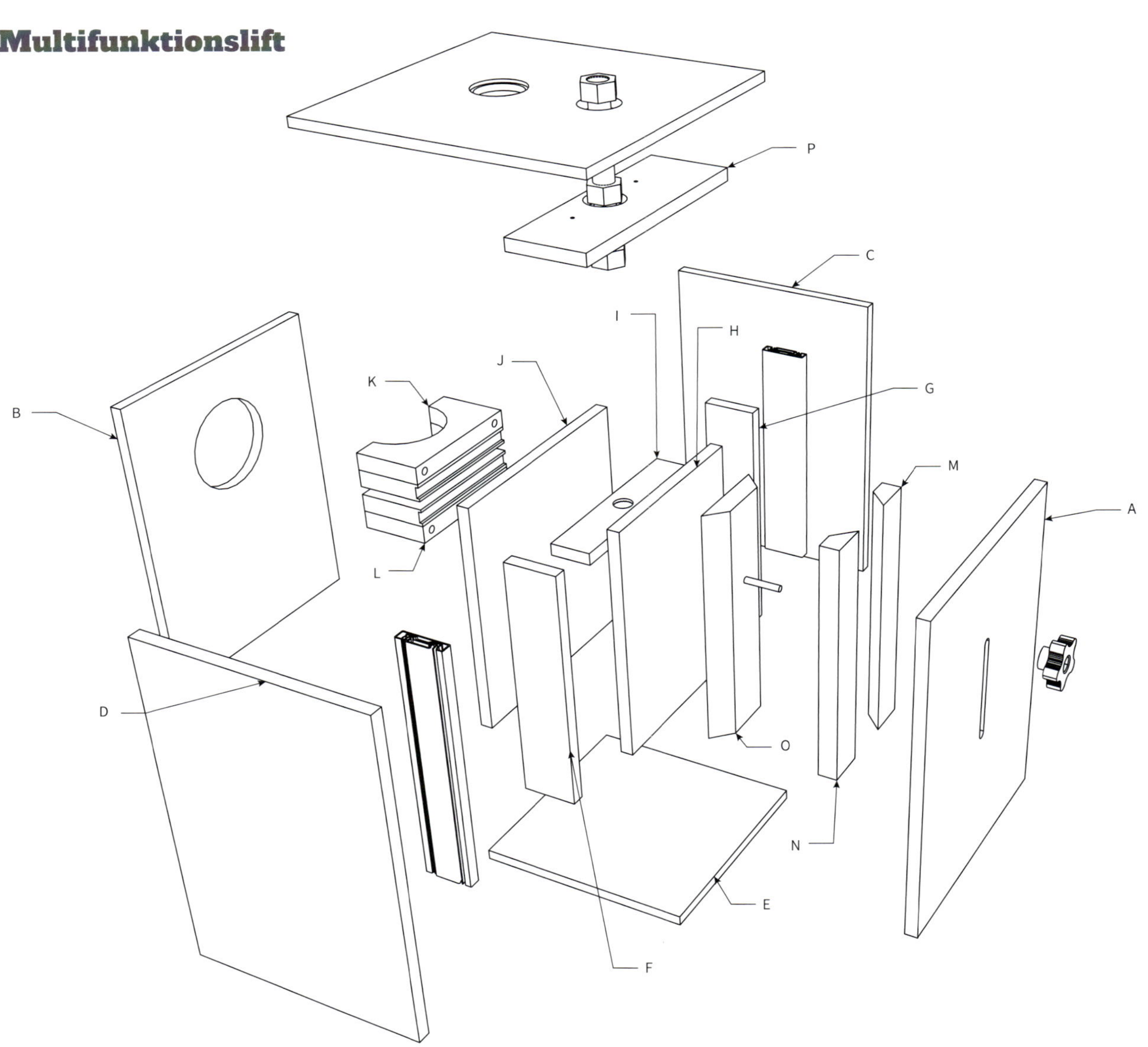

Materialliste				
Anzahl	**Bauteil**	**Bezeichnung**	**Maße**	**Material**
1	Gehäusevorderwand	A	260 x 350 mm	12-mm-Sperrholz
1	Gehäuserückwand	B	260 x 350 mm	12-mm-Sperrholz
2	Gehäuseseitenwände	C & D	240 x 350 mm	12-mm-Sperrholz
2	Schlittenseitenteile	F & G	55 x 255 mm	12-mm-Sperrholz
1	Gehäuseboden	E	265 x 265 mm	12-mm-Sperrholz
1	Schlittenplatte	H	190 x 255 mm	12-mm-Sperrholz
1	Untere Gewindespindelaufnahme	I	42 x 190 mm	12-mm-Sperrholz
1	Halteplatte für Handoberfräse	J	235 x 255 mm	12-mm-Sperrholz
1	Obere Gewindespindelaufnahme	P	85 x 240 mm	12-mm-Sperrholz
4	Handoberfräsenhalterung	K & L	140 x 70 mm	20-mm-Sperrholz
2	Äußere Laubholzführungen	M&N.	40 x 255 mm	20-mm-Laubholz
1	Innere Laubholzführungen	O	90 x 230 mm	20-mm-Laubholz
1	Handoberfräsengrundplatte		290 x 290 mm	12-mm-Acrylglas

Beschläge	
1	20-mm-Gewindespindel, 250 mm lang
3	20-mm-Muttern
2	Kugelgelagerte Schubladen-auszüge, 250 mm lang
1	6-mm-Schlossschraube, 75 mm lang
1	6-mm-Drehknopf, Kunststoff
1	3-mm-Nutfräser
1	150-mm-Schlauchklemmen, Stahl
1	Stecknuss
	Schnelltrocknender Epoxidklebstoff

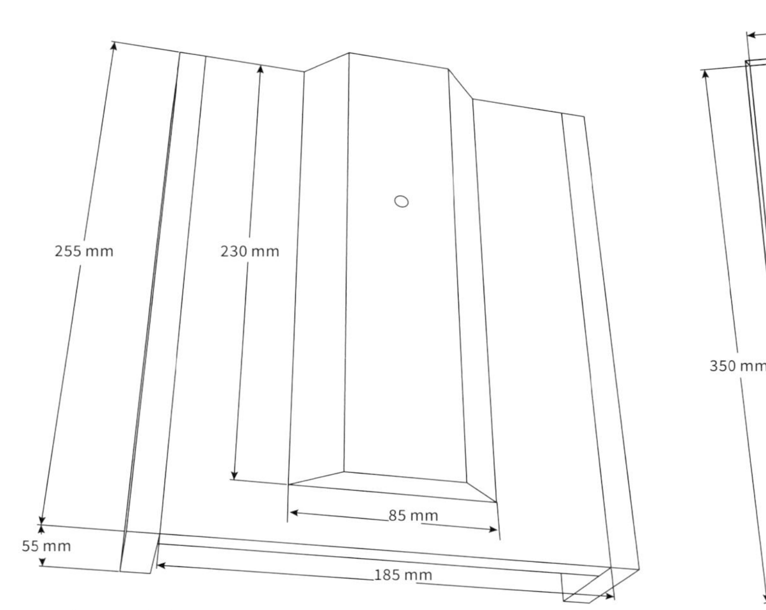

Schlitteneinheit

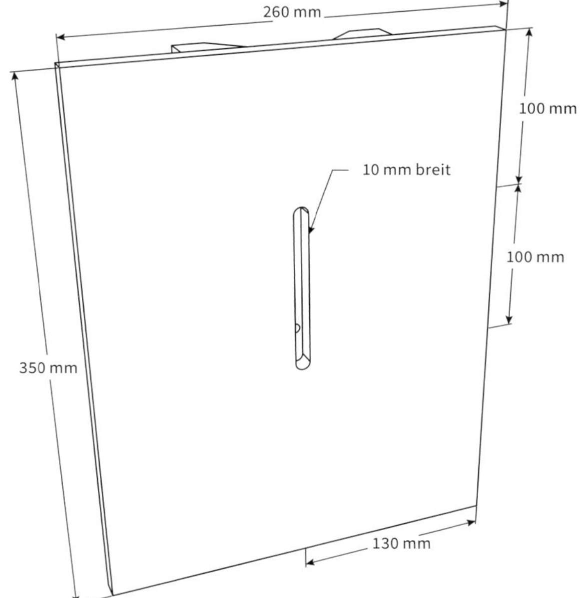

Gehäusevorderwand (A)

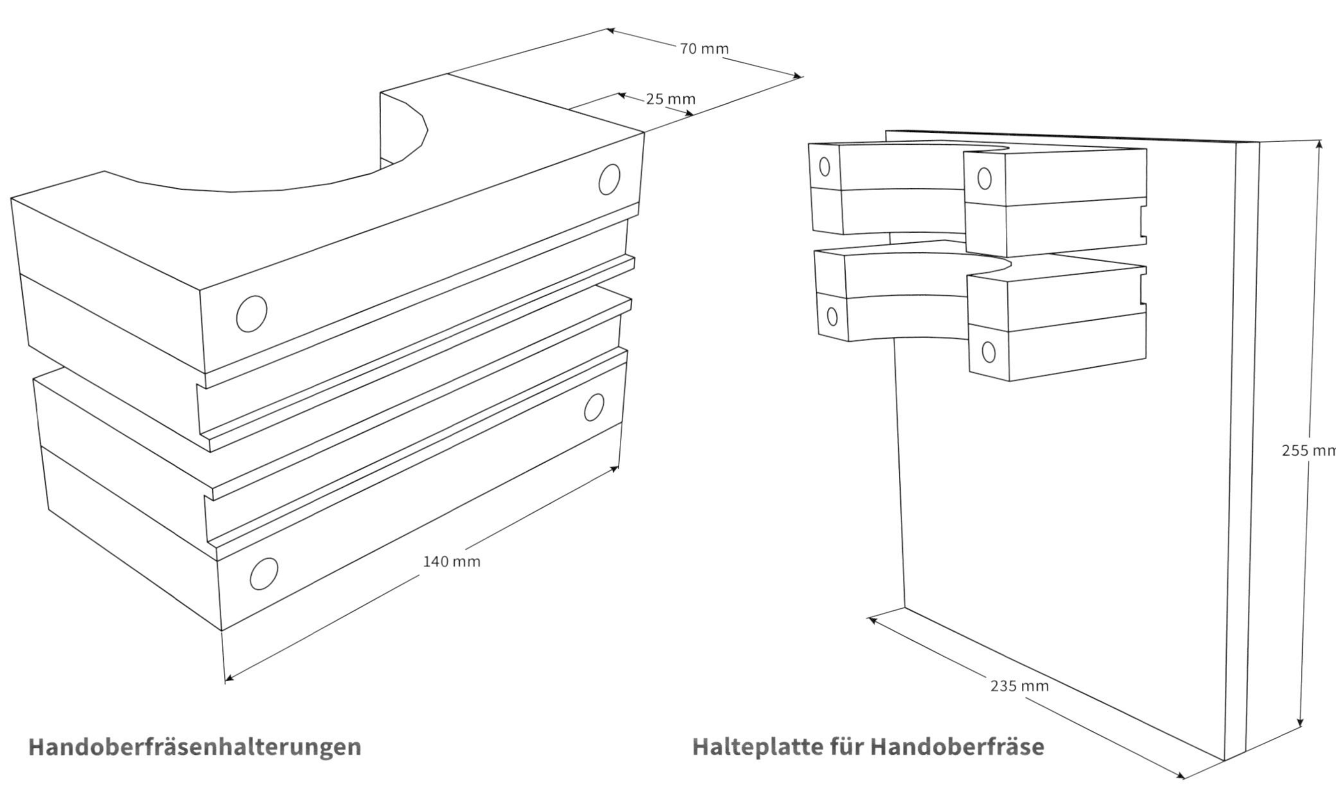

Handoberfräsenhalterungen

Halteplatte für Handoberfräse

Teil Eins: Der Schlitten

SCHRITT 1: Zeichnen Sie eine Bleistiftlinie auf der Mittelsenkrechten der Gehäusevorderplatte (A) **(ABBILDUNG 1)**. Markieren Sie im Abstand von 100 und 200 mm von einer der kurzen Seiten die Endpunkte des Schlitzes. Bohren Sie an diesen Stellen 5-mm-Löcher **(ABBILDUNG 2)**.

SCHRITT 2: Um den Schlitz fertigzustellen, müssen Sie das Material zwischen diesen Bohrlöchern entfernen. Das lässt sich auf verschiedene Weisen erledigen: Man kann entlang des Bleistiftstriches Bohrloch an Bohrloch setzen und den Schlitz mit einem Stechbeitel versäubern **(ABBILDUNG 3)**, oder man kann mit der Stich- oder Dekupiersäge den Verschnitt aussägen. Legen Sie die Vorderplatte beiseite, wenn der Schlitz fertig ist.

SCHRITT 3: Suchen Sie sich einige Laubholzreste mit 20 mm Stärke und 230 mm Länge. Die Breite ist nicht so wichtig. Je breiter die Stücke jedoch sind, desto leichter ist es, sie anzufasen (vor allem, weil ein Stück an beiden Längskanten angefast wird). Ich habe meine Tischkreissäge auf 45° eingestellt und zwei Stücke auf etwa 40 mm Breite mit einer einseitigen Fase versehen. Das dritte Stück habe ich auf etwa 90 mm Breite zugeschnitten und an beiden Kanten angefast **(ABBILDUNG 4)**. Falls Ihre Stücke etwas kleiner sind, ist das nicht so wichtig. Verwenden Sie einfach Restholzstücke, die Sie zur Hand haben. Aus diesen drei Stücken wird die hölzerne Führung an der Vorderseite des Oberfräsenlifts hergestellt.

Abbildung 1

Abbildung 2

Abbildung 3

Kontrolle ist besser!

Prüfen Sie beim Zusammenbau des Werkstücks sorgfältig die Position der Bauteile. Achten Sie darauf, sie genau mittig anzubringen, wenn das in der Anleitung so angegeben ist. Ist alles genau rechtwinklig beziehungsweise parallel? Der Entwurf sorgt für eine leichtgängige Funktion, wenn man beim Bau entsprechend sorgfältig vorgeht!

Abbildung 4

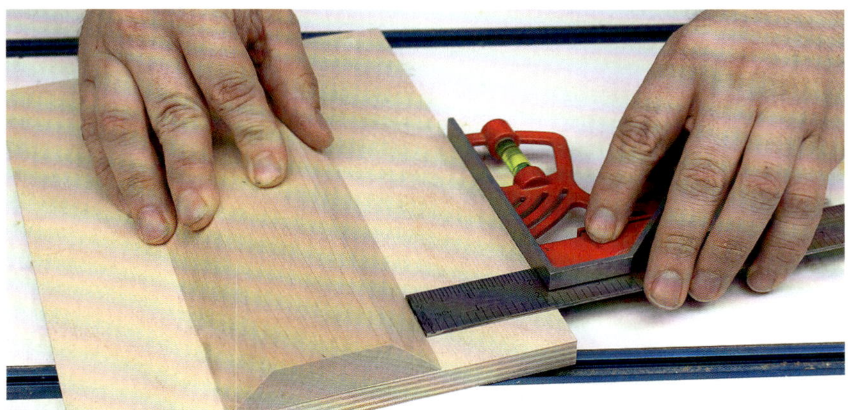

Abbildung 5

Abbildung 6

SCHRITT 4: Legen Sie die Platte für den Schlitten zurecht (H). Geben Sie etwas Leim an die Rückseite des beidseitig angefasten Laubholzstücks, das Sie soeben zugeschnitten haben, und legen Sie es etwa in die Mitte der Platte, sodass eines seiner Enden bündig mit einer der kurzen Seiten der Platte abschließt. Richten Sie das Führungsstück mit einem Kombiwinkel so aus, dass es sich genau in der Mitte der Platte befindet und genau parallel zu den Kanten der Platte liegt **(ABBILDUNG 5)**.

SCHRITT 5: Diese sorgfältig miteinander verbundenen Teile stellen den Anfang der Schlittenkonstruktion dar. Bringen Sie jetzt die Seitenteile an (F und G in der Materialliste). Befestigen Sie sie mit Leim an der vom angefasten Führungsteil abgewandten Seite der Platte **(ABBILDUNG 6)**. Sie können Zwingen ansetzen, so lange der Leim trocknet, oder den Vorgang mit einigen Drahtstiften beschleunigen. Stellen Sie die Baugruppe beiseite und lassen Sie sie trocknen.

Teil Zwei: Untere Gewindespindelhalterung

SCHRITT 6: Reißen Sie am Teil I die genaue Hälfte in Längsrichtung an **(ABBILDUNG 7)**. Markieren Sie in 22 mm Entfernung von einer der Längskanten einen Punkt auf dieser Mittellinie.

SCHRITT 7: Spannen Sie einen 28-mm-Spatenbohrer in die Ständerbohrmaschine ein. Stellen Sie die Bohrtiefe auf zwei Drittel der Stärke des Sperrholzes ein. (Die Zentrierspitze des Bohrers kann tiefer reichen.) Bohren Sie an dem markierten Punkt. Suchen Sie dann die Werkstatt ab, bis Sie den Bohrfutterschlüssel wiedergefunden haben, den Sie immer verlegen, und wechseln Sie damit dann den 28-mm-Bohrer gegen einen 20-mm-Bohrer aus. Stellen Sie die Zentrierspitze dieses Bohrers in das kleine Loch, das die Zentrierspitze des größeren hinterlassen hat, und bohren Sie ganz durch das Sperrholz, um eine schöne Stufenbohrung zu erhalten **(ABBILDUNG 8)**.

SCHRITT 8: Irgendwann werden wir eine Vorrichtung herstellen, mit der man achteckige Löcher bohren kann, aber in der Zwischenzeit behelfen wir uns, indem wir dieses Loch nacharbeiten. Stecken Sie die 20-mm-Gewindespindel durch das Loch, und drehen Sie eine Mutter auf beiden Seiten des Werkstücks auf, sodass das Holz zwischen ihnen eingespannt ist. Übertragen Sie mit dem Bleistift den Umriss der Mutter, die das größere der beiden Löcher abdeckt, auf das Holz **(ABBILDUNG 9)**. Nehmen Sie die Gewindespindel und die Muttern wieder ab, und stechen Sie mit dem Beitel sorgfältig am Bleistiftriss ein, um den Verschnitt zu entfernen und so ein saubere Aufnahme für eine der Muttern zu schaffen. Stellen Sie sicher, dass die Mutter eben aufliegt, und kleben Sie sie mit Epoxidklebstoff in die Aufnahme **(ABBILDUNG 10)**.

Abbildung 7

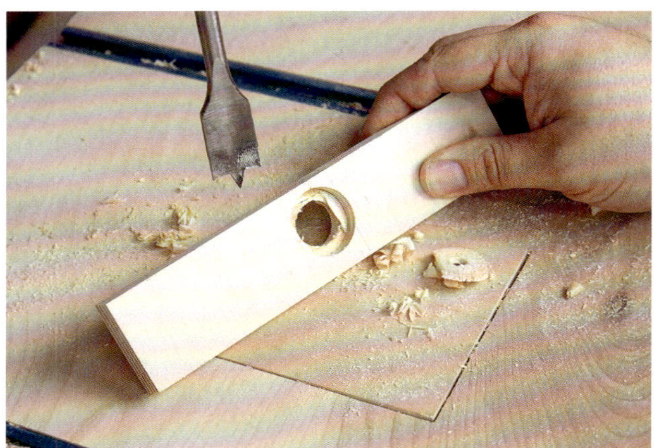

Abbildung 8

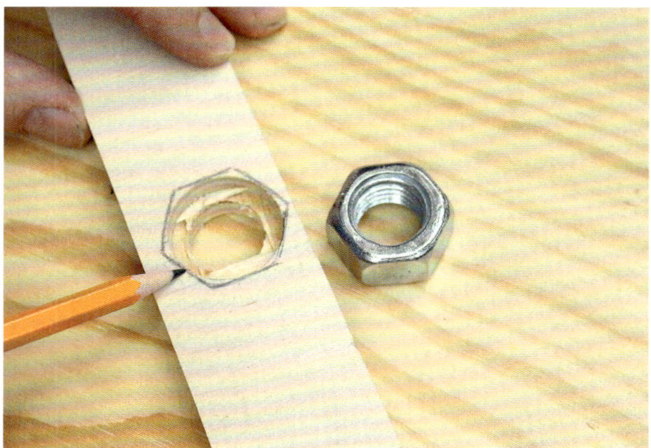

Abbildung 9

Nicht nur für Schubladen...

Ich verwende kugelgelagerte Schubladenauszüge in der Werkstatt für viele Zwecke. Sie sind leichtgängig, haltbar und präzise genug, um verschiebbare Bestandteile für Vorrichtungen zu bauen, die bei der Holzbearbeitung nützlich sind. Man bekommt sie im Baumarkt, Beschlaghandel oder im Internet. Ich habe immer einige in verschiedenen Längen zur Hand, weil ich immer wieder neue Verwendungszwecke für sie entdecke!

Abbildung 10

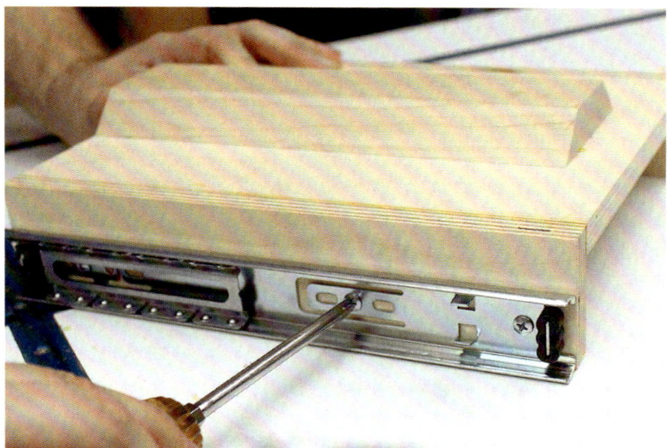
Abbildung 11

SCHRITT 9: Lassen Sie den Kleber trocknen, und legen Sie in der Zwischenzeit den Schlitten mit dem angefasten Block nach oben auf die Werkbank. Nehmen Sie die Schubladenauszüge zur Hand. Werfen Sie die Anleitung fort, da Sie vermutlich sowieso keine der fünf Sprachen verstehen, in der sie verfasst ist. Nehmen Sie die beiden Teile auseinander, und legen Sie das breitere Teil des einen Auszugs so neben den Schlitten, dass der Gummidämpfer nach unten weist (**ABBILDUNG 11**). Sie brauchen nicht Tausende von Schrauben zur Befestigung, drei oder vier pro Seite reichen vollkommen. Es ist wichtig, die Mittelpunkte der Bohrlöcher mit einem selbstzentrierenden Körner zu markieren. Diese kleinen Führungslöcher hindern die Schrauben am Abwandern, während man sie eindreht, was die korrekte Ausrichtung der Auszüge beeinträchtigen würde. Befestigen Sie je ein Auszugteil auf jeder Seite des Schlittens.

Teil Drei: Das Gehäuse

SCHRITT 10: Reißen Sie in 55 mm Entfernung von der rechten Längskante an Platte C einen Strich an (**ABBILDUNG 12**). Verfahren Sie an der linken Längskante von Platte D ebenso.

SCHRITT 11: Legen Sie die schmalen Auszugteile mittig auf diese Risse. Die geschlossenen Enden schließen bündig mit den unteren Kanten der Platten ab. Befestigen Sie die Auszugteile mit Schrauben (**ABBILDUNG 13**). Verwenden Sie einen Kombiwinkel, um sicherzustellen, dass sie parallel zur Plattenkante verlaufen.

SCHRITT 12: Montieren Sie die Schubladenauszüge, indem Sie den

Abbildung 12

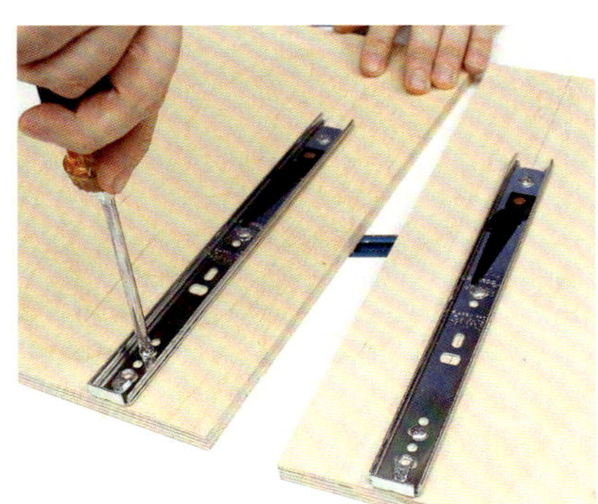
Abbildung 13

Abbildung 14

Abbildung 15

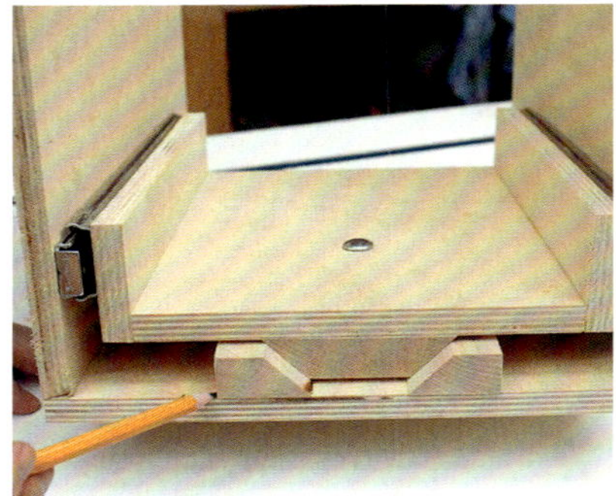
Abbildung 16

Abbildung 17

Schlitten zwischen die Platten C und D schieben (**ABBILDUNG 14**) und dann die geschlitzte Platte (A) darauf legen. Befestigen Sie diese Platte mit Schrauben – nicht Leim –, sodass jenes Ende des Schlitzes, das näher an der Plattenkante ist, in die gleiche Richtung weist wie die geschlossenen Enden der Schubladenauszüge (**ABBILDUNG 15**).

SCHRITT 13: Bringen Sie den Schlitten in die höchste Position (**ABBILDUNG 15**), stecken Sie einen 6-mm-Bohrer am oberen Ende durch den Schlitz, und bohren Sie ein Loch durch den Laubholzklotz und den dahinter liegenden Schlitten. Später wird eine Schlossschraube durch dieses Loch gesteckt und an der Außenseite des Gehäuses mit einem Knauf gesichert.

SCHRITT 14: Stecken Sie die beiden einseitig angefasten Laubholzklötze in die Lücken zwischen Schlitten und Gehäuse, sodass die Fasen zu jenen am größeren Klotz passen (**ABBILDUNG 16**). Schieben Sie sie so weit zusammen, dass sie sich gerade berühren. Wenn die Passung zu eng ist, wird die Bewegung des Schlittens schwergängig. Die Klötze sollten sich also nur knapp berühren. Markieren Sie dann mit einem spitzen Bleistift die Stellen, an denen die beiden äußeren Klötze das Sperrholz berühren.

SCHRITT 15: Nehmen Sie die geschlitzte Platte ab, und befestigen Sie die gefasten Klötze mit Schrauben in der markierten Lage. Achten Sie darauf, dass sie parallel zur Plattenkante liegen (**ABBILDUNG 17**).

Teil Vier: Die Halterungen für die Handoberfräse

SCHRITT 16: Messen Sie den Durchmesser des Motorgehäuses an Ihrer Handoberfräse. Reißen Sie auf Sperrholz- oder Laubholzreststücken zwei Quadrate nach Maßgabe der **ABBILDUNG 20** an. Der Kreis in der Mitte entspricht dem Durchmesser des Motorgehäuses der Handoberfräse. Sägen Sie den Verschnitt in der Mitte aus, sodass Sie aus jedem der beiden angerissenen Quadrate zwei Kreisbogenstücke erhalten.

SCHRITT 17: Leimen Sie jeweils zwei der zugeschnittenen Teile zu stärkeren Halterungen aufeinander. Stellen Sie dann die Schnitttiefe der Tischkreissäge auf etwa

Abbildung 18

Abbildung 19

Wie schwer darf es sein?

Falls Sie noch keine Handoberfräse besitzen, um sie im neuen Oberfräsenlift anzubringen, lassen Sie alles liegen und besorgen Sie sich jetzt eine! Die Auswahl ist groß, gehen Sie also mit Bedacht vor. Die in den USA erhältlichen Modelle ohne Höhenverstellung sind in Deutschland nicht am Markt. Stattdessen kann man auf eine normale Handoberfräse zurückgreifen oder einen Fräsmotor verwenden. Falls Sie nur leichte Arbeiten ausführen möchten, genügt ein Modell mit 6-mm-Spannzange und 1000-Watt-Motor. Falls Sie sich aber jetzt gleich ein größeres und stärkeres Modell anschaffen, müssen Sie den Oberfräsenlift später nicht umbauen, damit das Monster mit 2200 Watt und einer 12-mm-Spannzange darin Platz findet, das Sie brauchen werden, wenn Ihre Fähigkeiten und Ihre Ansprüche gewachsen sind. Kaufen Sie die beste Handoberfräse, die Sie sich leisten können. Schließlich sparen Sie Geld, indem Sie den Oberfräsenlift selbst bauen!

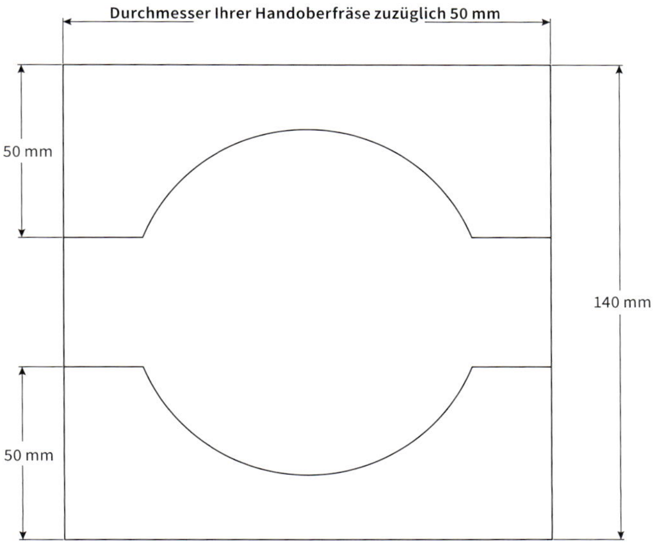

Abbildung 20

3 mm ein, und sägen Sie in etwa 3 mm Entfernung von der Kante in mehreren Durchgängen eine Nut in jede der Halterungen, die der Breite Ihrer Schlauchklemmen entspricht **(ABBILDUNG 18)**. Die Nut wird je nach Schlauchklemme etwa 12 mm breit sein und sich auf ganzer Länge über eine der 20 mm starken Einzellagen jeder Halterung erstrecken. Legen Sie die Schlauchklemme in die Nut, und biegen Sie sie zur Form der Halterung. Achten Sie darauf, dass die Schraube der Schlauchklemme erreichbar ist, wenn die Handoberfräse in den Halterungen angebracht ist.

SCHRITT 18: Die Halterungen werden an der Halteplatte für die Handoberfräse (J) befestigt, indem man durch die Sperrholzlage der Halterung, die nicht genutet ist, an jedem Ende ein Loch bohrt **(ABBILDUNG 19)**. Bohren Sie die Löcher mit Übergröße, damit die Halterungen später noch verstellt werden können.

SCHRITT 19: Wir bezeichnen eine der kurzen Kanten der Platten als ‚oben'. Legen Sie eine der Halterungen in etwa 12 mm Entfernung von der oberen Kante und parallel zu dieser auf die Platte. Die zweite Halterung wird so weit darunter aufgelegt, wie es die Form des Motorgehäuses Ihrer Handoberfräse erfordert. Achten Sie darauf, dass die Halterungen mittig auf der Platte und parallel zur oberen Kante liegen. Befestigen Sie sie dann mit langen Schrauben, sodass die Schlauchklemmen in der Nut an ihrer Unterseite fixiert werden **(ABBILDUNG 19)**.

Teil Fünf: Gewindespindel ausrichten

SCHRITT 20: Montieren Sie den Schlitten und das Gehäuse wie in **ABBILDUNG 15** gezeigt wieder zusammen. Schieben Sie den Schlitten in die oberste Stellung, und stecken Sie die untere Gewindemutteraufnahme in die Bohrung **(ABBILDUNG 21)**. Denken Sie daran, dass die Mutter nicht mittig sitzt, und richten Sie die Aufnahme entsprechend aus. Legen Sie sie so ein, dass das Loch von der geschlitzten Platte fort weist, und messen Sie dann von der Außenkante dieser Platte bis zum Mittelpunkt des Lochs. Messen Sie genau, weil dieses Maß wichtig ist. Notieren Sie sich das Maß!

SCHRITT 21: Trennen Sie jetzt die Bestandteile der Schubladenauszüge voneinander, und nehmen Sie den Schlitten aus den drei Platten des Gehäuses. Die obere Gewindemutteraufnahme (P) muss modifiziert werden.

Sie wird oben in das Gehäuse gesteckt, dort wo sich der Schlitten befand. Allerdings sind die Laubholzfüh-

rung und die oberen Enden der Schubladenauszuge jetzt im Weg. Sie müssen also die Aufnahme daran halten und die Stellen markieren, die ausgeschnitten werden müssen (**ABBILDUNG 22**).

SCHRITT 22: Nachdem Sie die Aufnahme zu dieser merkwürdigen Form geschnitten haben, halten Sie sie wieder an und messen von der geschlitzten Platte die gleiche Entfernung ab, die Sie auch bis zur Mitte des Lochs in der unteren Gewindemutteraufnahme gemessen haben (**ABBILDUNG 23**). Stellen Sie sicher, dass diese Markierung auch genau auf der halben Länge der Aufnahme liegt!

SCHRITT 23: An dieser Stelle wird ein weiteres gestuftes Loch gebohrt. Beginnen Sie mit einem 30-mm-Spatenbohrer, und bohren Sie bis zu zwei Dritteln der Stärke der Aufnahme. Bohren Sie dann mit einem 20-mm-Bohrer zu Ende (**ABBILDUNG 24**).

SCHRITT 24: Jetzt können Sie die untere Gewindemutteraufnahme (in die Sie die Mutter eingeklebt haben) am Schlitten befestigen. Stecken Sie sie in 100 mm Entfernung vom oberen Schlittenende zwischen die beiden Seitenteile. Achten Sie darauf, dass das Loch von der vorderen Platte des Schlittens fortweist und die Mutter auf der Unterseite liegt. Stellen Sie den Kombiwinkel auf 100 mm

Abbildung 21

Abbildung 22

Abbildung 23

Was haben Sie auf der Platte?

Kommerzielle Grundplatten für Handoberfräsen sind meist aus Aluminium und oft teuer. Man kann sie aber auch selbst herstellen! Sie benötigen dafür nur ein Stück Material, dass etwa 12 mm stark und sehr biegesteif ist. Acrylkunststoffe sind eine gute Lösung. Acrylglas mit 12 mm Stärke bekommt man im Glashandel. Eine andere Option ist Acrylstein (Corian oder ähnliches), aus dem zum Beispiel Küchentresen hergestellt werden. Im Handel gibt es auch Schneidbretter und Topfuntersetzer aus dem Material. Das sind genau die richtigen Abmessungen. Bei Baumärkten und Küchenausstattern kann man auch nach Acrylstein-Reststücken fragen. Falls Sie sich für eine kommerzielle Grundplatte entscheiden, müssen Sie über der Gewindespindel der Höhenverstellung ein Loch hineinbohren. Stellen Sie eine Schablone aus Karton her, um genau an der richtigen Stelle zu bohren.

ein, und kontrollieren Sie beide Enden, um sicherzustellen, dass die Aufnahme gerade sitzt, bevor Sie sie einleimen (**ABBILDUNG 25**). Sie können die Verbindung mit einigen Drahtstiften verstärken.

SCHRITT 25: Bevor der Schlitten angebracht werden kann, muss die Schlossschraube in das Loch gesteckt (**ABBILDUNG 25**) und die Halteplatte für die Handoberfräse mit Schrauben befestigt werden. Die Halteplatte ist breiter als der Schlitten, sie muss also auf beiden Seiten um das gleiche Maß überstehen (**ABBILDUNG 26**).

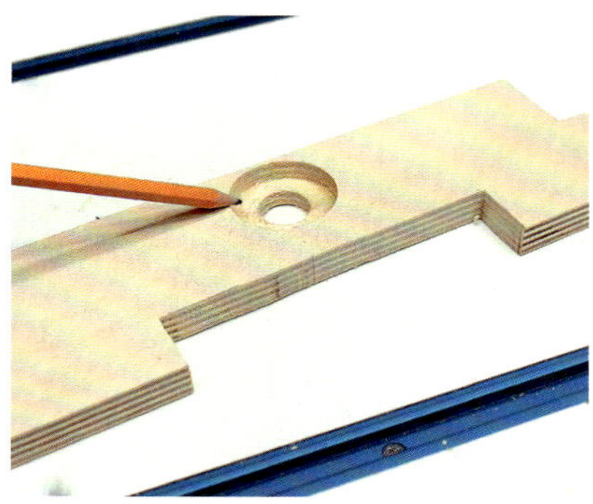
Abbildung 24

Abbildung 25

Abbildung 26

Abbildung 27

Abbildung 28

SCHRITT 26: Schneiden Sie die 20-mm-Gewindespindel auf etwa 250 mm Länge zu. Drehen Sie eine Mutter etwa 25 mm von einem Ende auf. Geben Sie dann Epoxidklebstoff auf das Ende der Gewindespindel an, das aus der Mutter ragt. Sie können ruhig reichlich Klebstoff angeben – wenn die Mutter in den Kleber eingedreht wird, drückt sie den Überstand nach oben heraus, was unproblematisch ist.

SCHRITT 27: Schieben Sie jetzt die Gewindespindel in das Loch in der oberen Gewindemutteraufnahme (die ohne eingeklebte Mutter), so dass die Mutter auf der Brüstung des gestuften Lochs zu liegen kommt. (Das ist der Grund, warum wir auf dieser Seite der Mutter keinen austretenden Klebstoff haben wollten.) Drehen Sie eine weitere Mutter auf das andere Ende der Gewindespindel, bis sie etwa 25 mm unterhalb des Holzes liegt. Geben Sie knapp unterhalb des Holzes etwas Epoxidklebstoff an die Mutter. Übertreiben Sie es nicht. Vergewissern Sie sich, dass das Gewinde mit Klebstoff bedeckt ist, und drehen Sie die Mutter mit der Hand so weit ein, dass sie gerade das Holz berührt **(ABBILDUNG 27)**. Nicht zu sehr anziehen! Die Gewindespindel sollte sich frei drehen lassen, ohne zu flattern.

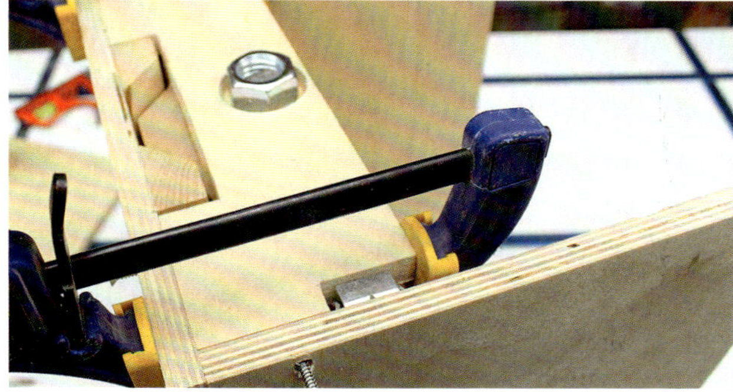
Abbildung 29

SCHRITT 28: Warten Sie, bis der Klebstoff trocken ist, und stecken Sie dann das Ende der Gewindespindel in die untere Gewindemutteraufnahme, die sie zuvor am Schlitten befestigt hatten **(ABBILDUNG 28)**. Drehen Sie die Spindel so weit ein, dass die untere Gewindemutteraufnahme im äußeren Gehäuse liegt. Hier wird kein Leim verwendet, befestigen Sie die Gewindemutteraufnahme hier lediglich mit Schrauben an der Unterkante und den beiden Seiten **(ABBILDUNG 29)**.

Teil Sechs: Die Grundplatte für die Handoberfräse

SCHRITT 29: Die Grundplatte wird aus 12 mm starkem Material geschnitten. Die Außenkanten sind mindestens 25 mm länger als die Außenabmessungen der Höhenverstellung, sodass Sie an allen Seiten mindesten 12 mm Überstand bekommen. Ermitteln Sie an einer Kante den genauen Mittelpunkt, und ziehen Sie eine Linie durch die Mitte der Grundplatte.

Abbildung 30

SCHRITT 30: Erinnern Sie sich noch an das Maß, das Sie sich notiert haben – die Entfernung von der Außenseite des Gehäuses bis zum Mittelpunkt der Gewindespindelmutter (Schritt 20)? Geben Sie 12 mm zu diesem Maß hinzu. Messen Sie diese Entfernung von der Kante der Grundplatte an der Mittellinie entlang **(ABBILDUNG 30)**. Dieser Punkt sollte genau über der Gewindespindelmutter liegen, wenn die Grundplatte angebracht ist. Bohren Sie hier also mit einem 35-mm-Spatenbohrer ein Loch.

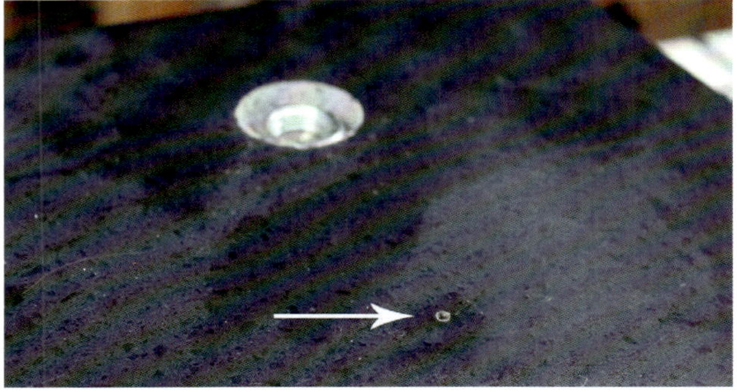

Abbildung 31

SCHRITT 31: Legen Sie die Handoberfräsengrundplatte auf die Oberkanten der drei Platten des Gehäuses, sodass dieses Loch genau über der Gewindespindelmutter liegt. Achten Sie darauf, dass die Grundplattenkanten parallel zu den Gehäuseseiten verlaufen und nicht in die eine oder andere Richtung verdreht sind. Markieren Sie vier Punkte für Schraublöcher, die durch die Grundplatte bis in die Oberkanten des Gehäuses reichen. Bohren Sie an diesen Stellen 3-mm-Führungslöcher. Nehmen Sie jetzt die Grundplatte ab, und vergrößern Sie jetzt die Bohrlöcher darin, sodass sie größer sind als die Schrauben. Versenken Sie die Bohrlöcher, damit die Schraubenköpfe unterhalb der Oberfläche der Grundplatte liegen, und befestigen Sie die Grundplatte mit Schrauben am Gehäuse.

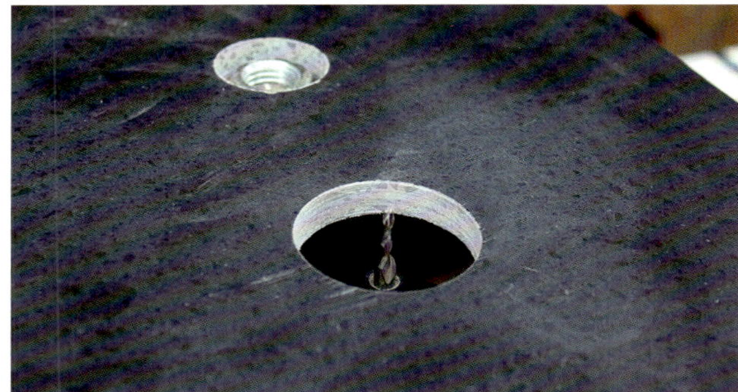

Abbildung 32

SCHRITT 32: Rüsten Sie Ihre Oberfräse mit einem 3-mm-Nutfräser auf, und befestigen Sie die Oberfräse mit den Schlauchklemmen von der offenen Hinterseite her am Schlitten. Schalten Sie die Handoberfräse ein, und drehen Sie langsam die Gewindespindelmutter mit einer passenden Stecknuss, um den Schlitten nach oben zu verschieben, bis der Fräser in die Unterseite der Grundplatte schneidet. Wenn sich die Spitze des Fräsers an der Oberfläche der Grundplatte zeigt **(ABBILDUNG 31)**, schalten Sie die Handoberfräse aus und nehmen die Grundplatte ab. Vergrößern Sie an der Ständerbohrmaschine dieses kleine Führungsloch mit Ihrem größten Bohrer auf mindestens 40 bis 50 mm Durchmesser **(ABBILDUNG 32)**.

Teil Sieben: Abschlussarbeiten

Abbildung 33

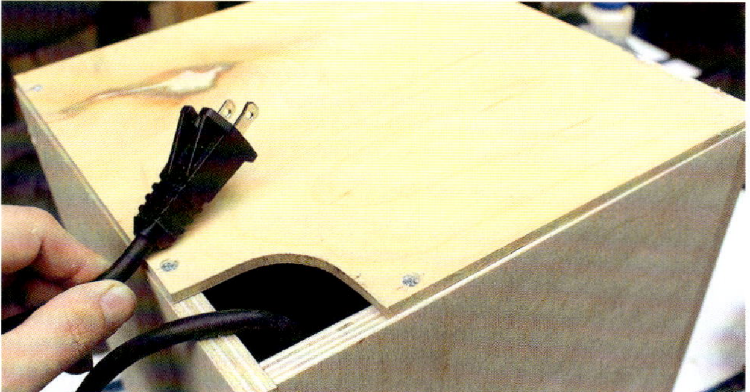

Abbildung 34

SCHRITT 33: Schneiden Sie in die Gehäuserückwand (B) ein Loch. Auch wenn Sie keine Staubabsauganlage besitzen, muss die Handoberfräse doch mit frischer Luft versorgt werden, um sie zu kühlen. Die Lage des Lochs ist nicht wichtig **(ABBILDUNG 33)**. Die Größe hängt vom Schlauchdurchmesser Ihrer Staubabsaugung ab. Das Fitting am Schlauchende sollte mit leichtem Druck in das Loch im Gehäuse gesteckt werden können. Falls Sie einen Staubsauger verwenden, sollten Sie dessen Schlauch am Anschlag über dem Arbeitstisch anbringen, und an der Gehäuserückwand ein 100-mm-Loch offen lassen. Bringen Sie die Rückwand mit Schrauben, ohne Leim, am Gehäuse an.

Abbildung 35

SCHRITT 34: Bringen Sie den Boden mit Schrauben am Gehäuse an **(ABBILDUNG 34)**. Falls Sie die Höhenverstellung auf der Werkbank verwenden werden, sollten Sie auch Gummifüße am Gehäuseboden anbringen. Falls Sie sie aber in Verbindung mit unserem Handoberfräsentisch mit Schiebeschlitten benutzen möchten, bringen Sie sie einfach im Tisch an. Natürlich ist eine so großartige Kombination aus Handoberfräsentisch und Höhenverstellung nicht vollkommen, wenn sie nicht über einen Anschlag verfügt. Wir haben genau das Richtige dafür entworfen: ein Anschlag mit inkrementeller Feineinstellung mittels Gewindespindel – super-duper und unser nächstes Werkstück!

Der Feinschliff für das neue Spielzeug

Da der Schalter der Handoberfräse im Inneren des Gehäuses liegt, empfiehlt es sich, einen Außenschalter zu kaufen, vielleicht sogar einen mit Geschwindigkeitseinstellung. Ich schlage vor, dass Sie ein gerades Stück Rundstahl (6 oder 8 mm Durchmesser, je nach Handoberfräse) in die Spannzange der Handoberfräse einspannen und mit dem Tischlerwinkel auf der Oberseite der Grundplatte kontrollieren, dass die Handoberfräse genau senkrecht steht. Die Feineinstellung können Sie vornehmen, indem Sie die Halterungen für die Handoberfräse nacharbeiten oder indem Sie Zulagen unter den Ecken der Grundplatte einschieben. Falls der Schlitten sich nicht leichtgängig bewegt, müssen die beiden einseitig angefasten Laubholzklötze versetzt werden. Deshalb wurden sie auch nur mit Schrauben, ohne Leim, befestigt. Bringen Sie einen Drehgriff an der Schlossschraube an, die aus dem Schlitz in der Vorderseite des Gehäuses ragt. Damit wird der Schlitten während des Fräsens arretiert.
Auf stumpynubs.com/homemade-tools.html finden Sie Videos mit Tipps zur Verwendung Ihrer neuen Höhenverstellung!

Anschlag mit Feineinstellung für den Handober-fräsentisch

Dieser Anschlag mit Feineinstellung macht aus dem Handoberfräsentisch eine hochpräzise Maschine zum Schneiden von Holzverbindungen!

3

Wir haben erst ein paar der Werkstücke in diesem Buch hinter uns, aber vermutlich ist Ihnen schon ein Muster aufgefallen: Ich halte nichts davon, es mir (und Ihnen) leicht zu machen. Falls Sie auf der Suche nach einem normalen Werkzeug sind, können Sie in ein Geschäft gehen und es kaufen. Wenn Sie sich aber schon die Mühe machen, Ihre eigenen Maschinen und Vorrichtungen zu bauen, warum dann nicht gleich richtig? Warum sehen Sie nicht gleich alle Extras vor, die von den gewerblichen Herstellern vernachlässigt werden? Dieser Anschlag zeigt deutlich, was ich damit meine.

Man kann fast alles als Anschlag für eine Handoberfräse verwenden – wenn Sie möchten, können Sie einfach ein Kantholz am Handoberfräsentisch anspannen. Aber ein gut gestalteter Anschlag kann das ganze Potenzial Ihrer Handoberfräse freisetzen und so ein Werkzeug, das vielleicht eher selten genutzt wird, in eines der echten Arbeitspferde in Ihrem Stall an Hilfsmitteln machen. Dieser Anschlag wartet mit vielen Extras auf, und er ist so gestaltet, dass er sehr präzise arbeitet. Das Geheimnis liegt in der Gewindeverstellung, die an der Grundplatte angebracht ist. Die Standardgewindespindel mit 10 mm Durchmesser rastet alle 1,5 mm ein. Das heißt, dass man eine Einstellung vornehmen, den Schlitten nach dem Schnitt für einen anderen Schnitt verstellen, und dann sehr präzise zur ersten Einstellung zurückkehren kann. Durch das Drehen der Gewindespindel lässt sich der Anschlag um Bruchteile eines Millimeters verstellen. Und der kugelgelagerte Schubladenauszug sorgt für leichtgängige Verstellbarkeit. Außerdem weist der Anschlag einen eingebauten Anschluss für die Staubabsaugung auf. Die beiden Teile des Anschlags lassen sich für unterschiedlich große Fräser enger oder weiter einstellen.

Am aufregendsten finde ich an diesem Entwurf die fast unendlichen Möglichkeiten, die er bietet. Wenn man ihn mit dem Schiebetisch meines Handoberfräsentischs verbindet, lassen sich ohne eine weitere Vorrichtung im Handumdrehen Zapfen, Schwalbenschwänze und Fingerzinken schneiden. Sogar Verbindungen mit Schmuckelementen, für die man normalerweise sehr teure Maschinen benötigt, lassen sich durch die Einrastpunkte der Gewindespindel herstellen. Und, ob Sie es glauben oder nicht, der Anschlag ist überraschend leicht zu bauen.

Anschlag Frästisch

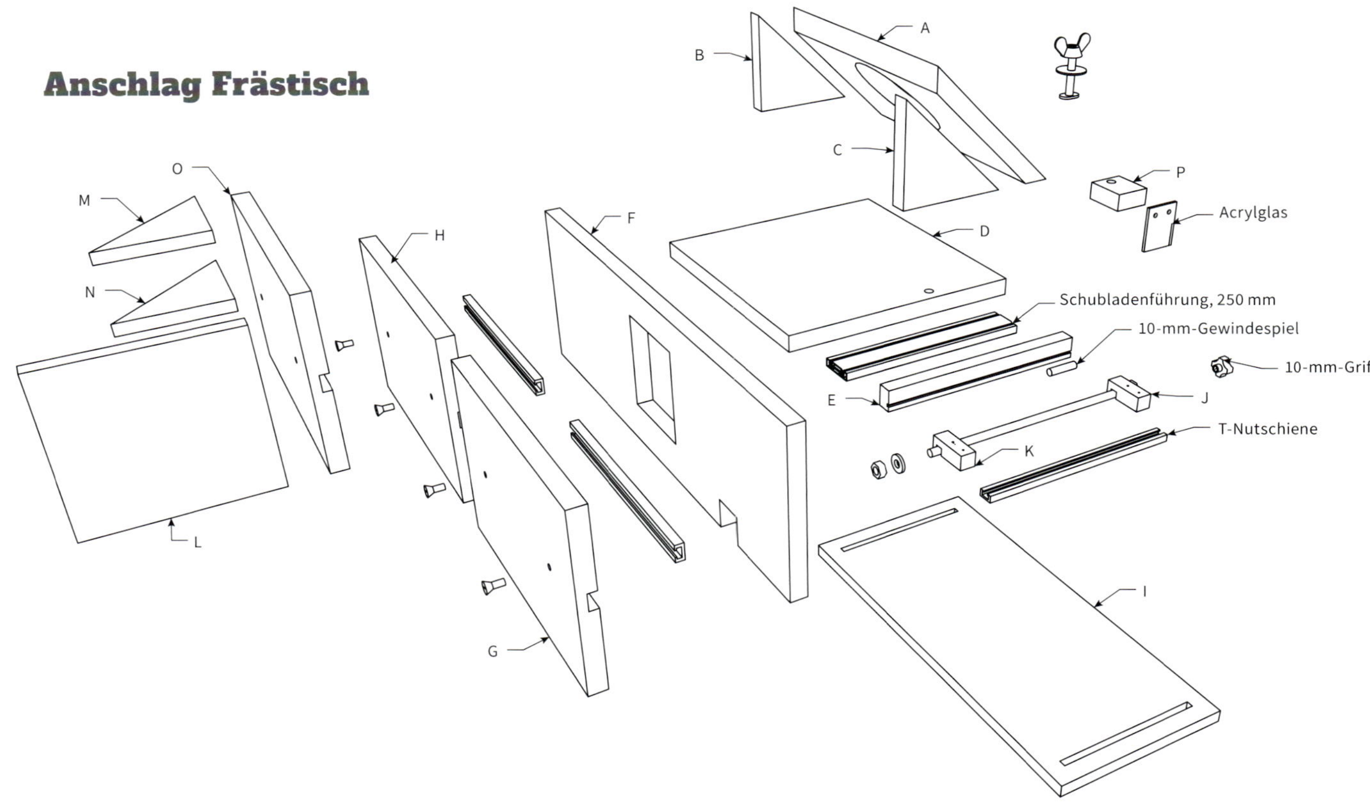

Materialliste

Anzahl	Bauteil	Bezeichnung	Maße	Material
1	Staubabdeckung	A	280 x 215 mm	20-mm-Sperrholz
1	Dreiecke	B & C*	100 x 100 mm	20-mm-Sperrholz
1	Schlittengrundplatte	D	280 x 265 mm	20-mm-Sperrholz
1	Schlittenleiste	E	565 x 28 mm	20-mm-Sperrholz
1	Schlittenvorderplatte	F	570 x 200 mm	20-mm-Sperrholz
2	Schlittenanschlagsplatte	G & H	200 x 300 mm	20-mm-Sperrholz
1	Hilfsanschlagsplatte	O	200 x 300 mm	20-mm-Sperrholz
1	Grundplatte	I	595 x 265 mm	20-mm-Sperrholz
1	Hilfsanschlagsplatte 2	L	200 x 190 mm	20-mm-Sperrholz
1	Hilfsanschlagskonsolen	M&N.	300 x 300 mm	20-mm-Sperrholz
2	Aufnahmen für Gewindespindelmuttern	J & K	20 x 50 mm	20-mm-Laubholz

* Ziehen Sie eine Linie über das Teil, um es zu zwei Dreiecken zu zerschneiden.

Beschläge und Hilfsmittel

	Etwa 1000 m T-Nutschiene
6	6-mm-Gleitmutter
1	6 x 50 mm T-Nutschraube
1	6-mm-Flügelschrauben
6	6 x 12 mm Flachkopf-maschinenschrauben
1	10-mm-Gewindeverbinder (oder Drehgriff
	Etwa 330 mm Gewindespindel
2	10-mm-Muttern
3	10-mm-Unterlegscheiben
1	Kleiner Rest Plexiglas
	Schnelltrocknender Epoxidklebstoff
	Sekundenkleber
1	250-mm-Schubladenauszug, kugelgelagert

Die Arbeitszeichnungen gehen von T-Nutschienen aus, die 10 mm tief und 20 mm breit sind.

Teil Eins: Der Anschlag

Abbildung 1

Abbildung 2

Abbildung 3

Abbildung 4

SCHRITT 1: Rüsten Sie Ihren Handoberfräsentisch mit einem 6-mm-Nutfräser auf, und stellen Sie die Entfernung zwischen Anschlag und Fräser auf 25 mm ein. (Falls Sie noch keinen Anschlag besitzen, können Sie als Provisorium ein Stück Restholz am Arbeitstisch anspannen.) Schneiden Sie an jedem Ende der Platte I einen Schlitz wie in **ABBILDUNG 1** zu sehen. Die Schlitze sollten in 25 mm Entfernung von den Plattenkanten enden.

SCHRITT 2: Markieren Sie einen der Schlitze mit einem kleinen „X". Messen Sie von diesem Ende 230 mm ab. Reißen Sie an diesem Punkt mit dem Tischlerwinkel eine Linie an, die parallel zur rechten Kante der Platte verläuft. Nehmen Sie die beiden Teile des Schubladenauszugs auseinander. Legen Sie das schmale Teil so auf die Platte, dass die angerissene Linie durch die Mittelpunkte der Befestigungslöcher führt. Das geschlossene Ende des Auszugs sollte bündig mit der Plattenkante abschließen, die Ihnen am nächsten ist. Richten Sie den Schubladenauszug mit dem Tischlerwinkel senkrecht zur Kante aus, bevor Sie mit eine Ahle Führungslöcher für die Schrauben stechen **(ABBILDUNG 2)**. Diese Führungslöcher sind sehr wichtig, weil eine verlaufende Schraube den Schubladenauszug beim Anziehen verschieben kann.

SCHRITT 3: Schneiden Sie eine T-Nutschiene auf 265 mm Länge, und befestigen Sie sie in 385 mm Entfernung von der mit „X" markierten Stelle auf der Grundplatte. Richten Sie die T-Nutschiene auf die gleiche Weise mit dem Tischlerwinkel senkrecht zur Plattenkante aus, wie Sie es mit dem Schubladenauszug getan haben **(ABBILDUNG 3)**.

SCHRITT 4: Markieren Sie an der Platte D eine der kürzeren Seiten mit einem „X", und legen Sie die Platte so auf die Werkbank, dass sich die Markierung zu Ihrer Rechten befindet. Reißen Sie über die Platte eine Linie wie auf der Grundplatte des Anschlags an. Diese Linie liegt 70 mm von der Kante, die Sie mit dem „X" markiert haben. Legen Sie die andere Hälfte des Schubladenauszugs auf diese Linie. Das offene Ende sollte an der Kante anliegen, die Ihnen am nächsten ist **(ABBILDUNG 4)**. Richten Sie den Auszug auf die zuvor beschriebene Weise aus, und schrauben Sie ihn an.

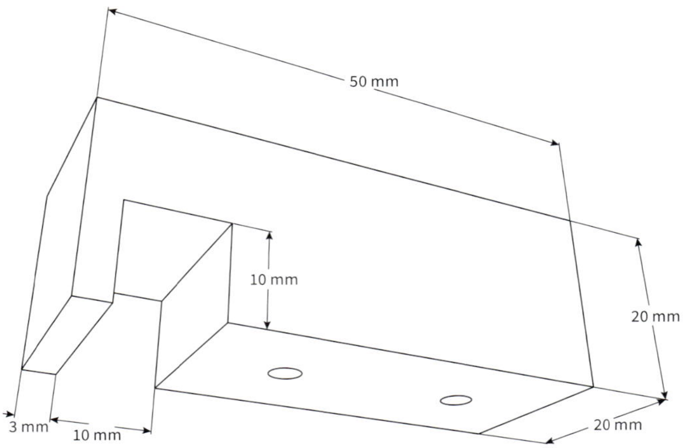

Abbildung 5

Abbildung 6

Abbildung 7

Abbildung 8

SCHRITT 5: Bringen Sie die untere Platte des Schlittens an der Grundplatte an, indem Sie die beiden Teile des Schubladenauszugs zusammenstecken. Legen Sie das Teil E dort an die Kante der Schlittenplatte, wo sie die T-Nutschiene abdeckt **(ABBILDUNG 6)**.

SCHRITT 6: Schneiden Sie dann zwei Laubholzklötze so zu wie in **ABBILDUNG 5** zu sehen. So erhalten Sie die beiden Aufnahmen für die Gewindespindelmuttern (J und K). Legen Sie die beiden Aufnahmen auf die Grundplatte, so dass die ausgeklinkten Enden am Sperrholzstreifen anliegen. Stecken Sie eine 330 mm lange, 20 mm starke Gewindespindel in die Ausklinkungen **(ABBILDUNG 6)**. Legen Sie jetzt ein 30 mm langes Stück der Gewindespindel so auf das lange Stück, dass es gegen den Sperrholzstreifen fällt wie in der Abbildung zu sehen. Markieren Sie mit dem Bleistift auf dem Sperrholzstreifen, wo er von dem kurzen Stück Gewindespindel berührt wird.

SCHRITT 7: Schneiden Sie anhand dieser Markierung an der Tischkreissäge eine 3 mm tiefe Längsnut in den Sperrholzstreifen (E). Diese Nut dient als Lagerung für die Gewindespindel, wenn Sie sie mit Epoxidklebstoff in 20 mm Entfernung vom Ende des Sperrholzstreifens befestigen **(ABBILDUNG 7)**.

SCHRITT 8: Schneiden Sie die Platte F nach Maßgabe der **ABBILDUNG 9** zu.

SCHRITT 9: Legen Sie die Grundplatte mit der daran befestigten unteren Schlittenplatte auf Ihre Werkbank. Die mit „X“ markierten Enden weisen nach links. Befestigen Sie die vordere Schlittenplatte mit einer einzelnen versenkten Schraube an der Kante der unteren Schlit-

Präzise Ausrichtung ist das A und O

Jede selbst hergestellte Maschine erfordert ein hohes Maß an Präzision. Aber bei diesem Anschlag sind die Anforderungen besonders hoch. Kontrollieren Sie alle Bauteile sorgfältig auf ihre korrekte Ausrichtung, bevor Sie sie befestigen. Sie werden beim Bau dieses Werkstücks immer wieder zu Ihrem Kombiwinkel greifen! Führungsbohrungen sind genauso wichtig, weil eine schief eingedrehte Schraube ein Bauteil aus der richtigen Position bringen kann. Machen Sie sich keine Sorgen: Wenn Sie sich Zeit lassen, wird es schon gut werden!

tenplatte (**ABBILDUNG 8**). Da der Schubladenauszug stärker ist als die T-Nutschiene, liegt die untere Schlittenplatte jetzt schräg. Heben Sie sie mit der Hand etwas an, bis sie parallel zur Grundplatte liegt, und legen Sie einige Unterlegscheiben unter die Kante der vorderen Platte, um sie etwa 3 mm anzuheben. Dann sollte die untere Schlittenplatte mit der Unterkante der quadratischen Öffnung fluchten, die sie in die vordere Platte geschnitten haben (in **ABBILDUNG** 8 mit einem Pfeil gekennzeichnet). Drehen Sie dann die Schraube ein.

SCHRITT 10: Legen Sie die Teile A-C der Materialliste zurecht. Schneiden Sie an einer der 280 mm langen Kanten des Teils A eine 45°-Fase an.

SCHRITT 11: Stellen Sie jetzt eines der Dreiecke (B oder C) so auf Teil A, dass eine Ecke mit der Fase fluchtet wie in **ABBILDUNG 10** zu sehen. Das Teil A wurde absichtlich mit Übermaß zugeschnitten. Markieren Sie die Stelle, wo die Ecke des Dreiecks das rechteckige Ende von Teil A berührt. Schneiden Sie dort eine Fase an, sodass beide 280 mm langen Kanten des Teils jetzt angefast sind (**ABBILDUNG 10**).

SCHRITT 12: Schneiden Sie in die Mitte von Teil A ein Loch, das eng um das Fitting am Schlauch Ihrer Staubabsaugung passt.

SCHRITT 13: Leimen Sie die beiden Dreiecke so ein, dass sie die vordere und untere Platte verbinden wie in **ABBILDUNG 11** zu sehen.

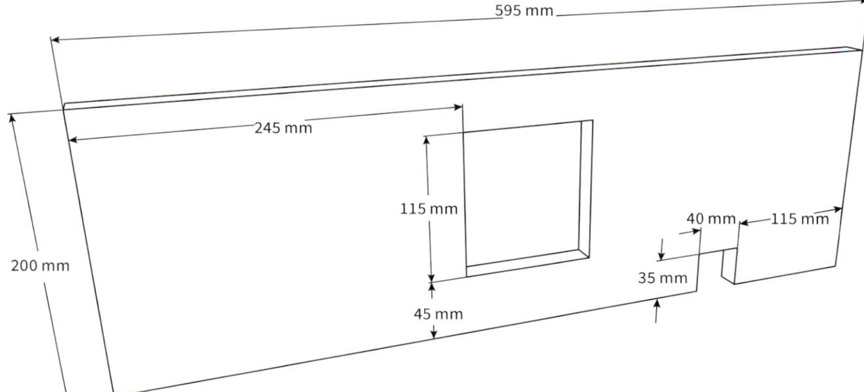

Abbildung 9

Abbildung 10

Abbildung 11

Abbildung 12

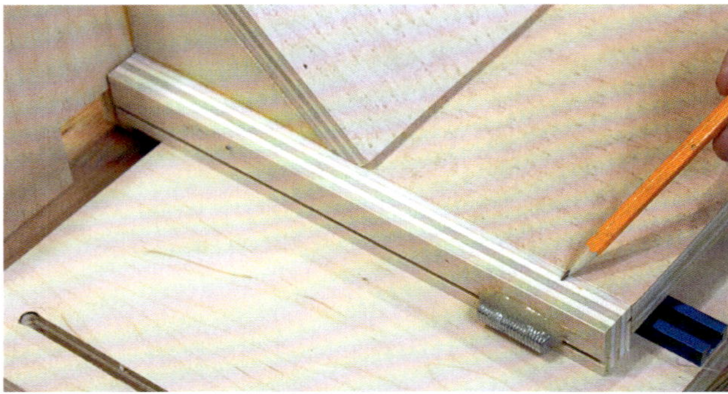

Abbildung 13

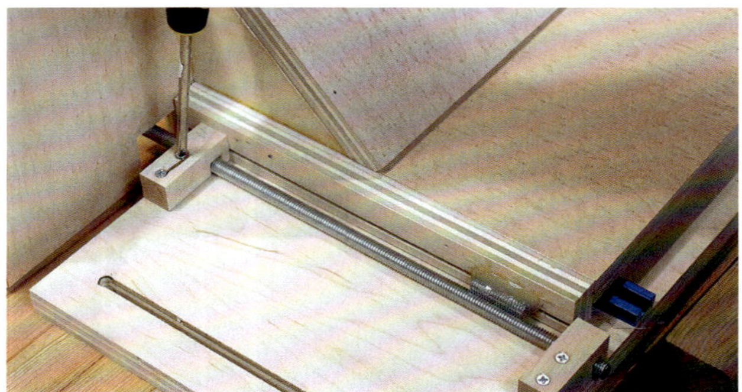

Abbildung 14

Abbildung 15

Abbildung 16

SCHRITT 14: Teil A sollte mit den angefasten Kanten genau auf die langen Seiten der Dreiecke passen. Befestigen Sie es mit Leim **(ABBILDUNG 12)**.

SCHRITT 15: Bringen Sie den Streifen E mit Schrauben an der Kante der unteren Schlittenplatte **(ABBILDUNG 13)**. Geben Sie keinen Leim an, der Streifen muss eventuell noch justiert werden.

SCHRITT 16: Bohren Sie jetzt Führungslöcher in die Aufnahmen für die Gewindespindelmuttern. Befestigen Sie sie mit Schrauben an der Vorder- und Hinterkante der Grundplatte, sodass die ausgeklinkten Enden den Sperrholzstreifen berühren. Das 330 mm lange Stück Gewindespindel liegt in den Ausklinkungen **(ABBILDUNG 14)**. Sie müssen die Kante des Schlittens etwas anheben, um die Gewindespindel unter das festgeklebte kürzere Stück bringen zu können. Falls Sie sie so weit anheben müssen, dass die Kante der vorderen Schlittenplatte auf die Werkbank stößt, nehmen Sie den Streifen E ab und bringen ihn etwas höher an. Falls sich dagegen die beiden Gewindespindelstücke überhaupt nicht berühren, wenn die Enden der Aufnahmen für die Gewindespindelmuttern am Streifen E anliegen, müssen Sie den Streifen nach unten versetzen und gegebenenfalls sogar etwas in der Breite verringern.

SCHRITT 17: Wenn Sie mit dem Sitz zufrieden sind, kleben Sie mit Epoxidklebstoff eine Mutter und Unterlegscheibe auf das Ende der Gewindespindel, das zur vorderen Schlittenplatte F weist **(ABBILDUNG 15)**.

SCHRITT 18: Kleben Sie eine weitere Mutter und Unterlegscheibe auf das andere Ende der Gewindespindel. Ziehen Sie die Mutter mit den Fingern nur so weit an, dass die Unterlegscheiben an beiden Enden die Aufnahmeklötze berühren. Drehen Sie schließlich ein Kupplungsstück für 20-mm-Gewindespindeln als Griff auf das Ende. Lassen Sie ausreichend Platz für Ihre Finger, um diesen Griff bei der Arbeit drehen zu können **(ABBILDUNG 16)**.

SCHRITT 19: Bohren Sie direkt über der T-Nutschiene ein 8-mm-Loch durch die Schlittengrundplatte (D). Sie müssen den Schlitten abnehmen, um eine T-Mutter von unten einzulegen, und dann den Kopf in die Schiene einschieben, während Sie den Schlitten wieder anbringen. Mit einer Unterlegscheibe und Flügelmutter wird der Feststellmechanismus vervollständigt **(ABBILDUNG 17)**.

SCHRITT 20: Schneiden Sie in Längsrichtung eine 11 mm tiefe und 20 mm breite Nut mittig in die Anschlagsplatten G-O **(ABBILDUNG 20)**.

SCHRITT 21: Halten Sie eine der Platten gegen die vordere Schlittenplatte (F), und übertragen Sie sorgfältig die Lage der Nut **(ABBILDUNG 18)**.

SCHRITT 22: Bringen Sie auf beiden Seiten der Öffnung in der vorderen Schlittenplatte T-Nutschienen an der markierten Stelle an **(ABBILDUNG 19)**.

Abbildung 17

Abbildung 18

Abbildung 19

SCHRITT 23: Bohren Sie zwei 8-mm-Löcher genau durch die Mitte der Nuten in beiden Anschlagsplatten. Die Löcher sollten etwa 60 mm von den Enden der Nuten liegen (**ABBILDUNG 20**). Versenken Sie die Bohrlöcher auf der anderen Seite der Anschlagsplatten, sodass die 6-mm-Maschinenschrauben mit Flachkopf unter der Oberfläche liegen. Drehen Sie T-Muttern auf die Maschinenschrauben, und bringen Sie sie in den Anschlagsplatten an, indem Sie die T-Muttern in die T-Nutschienen schieben und durch Anziehen der Schrauben arretieren (**ABBILDUNG 21**).

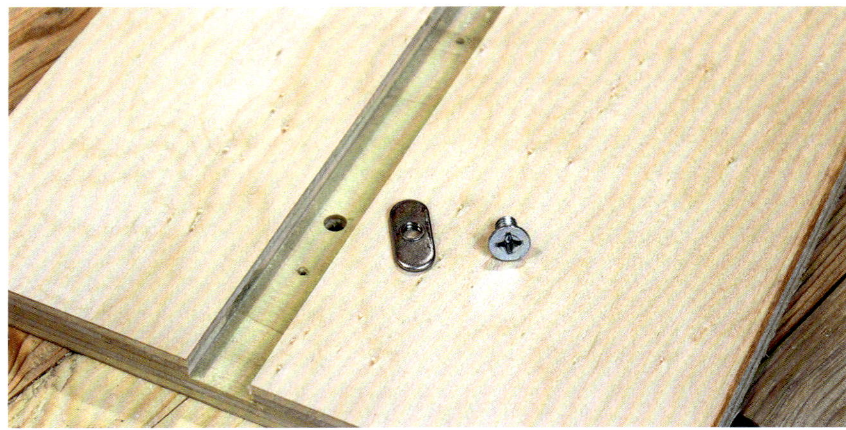

Abbildung 20

Abbildung 21

Teil Zwei: Der Hilfsanschlag

SCHRITT 24: Legen Sie die Rückenplatte des Hilfsanschlags (O) mit der genuteten Seite nach oben auf die Werkbank. Die obere Kante weist von Ihnen fort. Bringen Sie die Konsolen M und N an der linken unteren Ecke der Platte an wie in **ABBILDUNG 22** zu sehen. Der Abstand von der Plattenkante sollte etwa 25 mm, der zwischen den Platten etwa 40 mm betragen.

SCHRITT 25: Bringen Sie die Platte L an den Konsolen an, wie in **ABBILDUNG 23** zu sehen. Achten Sie auf senkrechten Stand. Dieser Hilfsanschlag wird an Stelle einer der beiden Anschlagsplatten verwendet, wenn man bestimmte Verbindungen schneiden möchte (siehe Kasten „Gratis im Internet" unten).

SCHRITT 26: Bringen Sie ein selbstklebendes Maßband parallel zu der Gewindespindel auf der Grundplatte des Schlittens an **(ABBILDUNG 24)**.

SCHRITT 27: Schneiden Sie einige kleine Stücke Plexiglas zu, und kleben Sie zwei davon zusammen, um einen Zeiger zu erhalten, der über die Gewindespindel bis hinunter zum Maßband reicht **(ABBILDUNG 24)**.

Abbildung 22

Abbildung 23

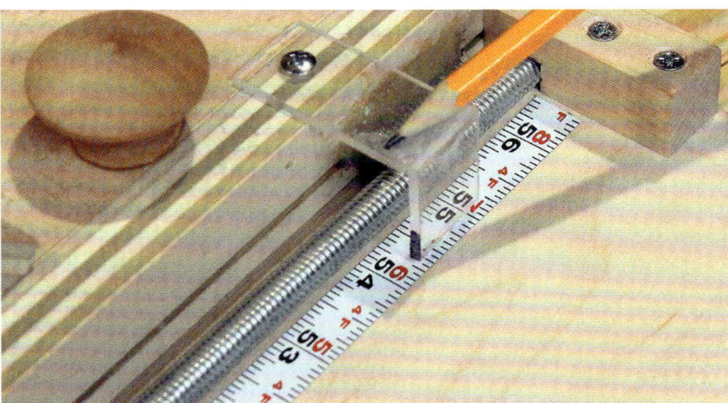

Abbildung 24

Gratis im Internet

Um das Meiste aus Ihrem neuen Fräsanschlag herauszuholen, würde ich Ihnen nahelegen, ihn zusammen mit unserem einzigartigen Handoberfräsentisch mit Schiebetisch einzusetzen. Wenn Sie den Anschlag auf den Schiebetisch montieren, können Sie den Hilfsanschlag verwenden, um Holzverbindungen wie Schwalbenschwanzzinkungen, Fingerzinken und andere mehr zu schneiden. Wir haben Videos produziert, die zeigen, wozu dieser Anschlag eingesetzt werden kann. Sie sind kostenlos auf stumpynubs.com/homemade-tools.html zu sehen.

SCHRITT 28: Vielleicht möchten Sie auch noch einen Griff für das Verstellen des Anschlags anbringen **(ABBILDUNG 24)**. Dieser Anschlag ist so entworfen, dass er sich auf jedem Handoberfräsentisch anbringen lässt. Man muss nur zwei Löcher in die Tischplatte bohren, die zu den Schlitzen in der Grundplatte des Anschlags passen. Setzen Sie Rampamuffen (Einschraubmuttern) in die Bohrlöcher ein, um den Anschlag befestigen zu können. Pro Schlitz reicht ein Bohrloch.

Stationäre Stichsäge

Ich habe einen guten Teil meiner Zeit auf dieser Erde mit dem Versuch verbracht, eine der großen Fragen des Lebens zu beantworten: Wie werden die Löcher in Donuts gemacht? Ich meine – verwenden die Bäckereien eine Bohrmaschine? Eine Art Stanze? Eine Dekupiersäge? Die Suche war köstlich. Sie hat auch zum Entstehen einer der nützlichsten Maschinen in meiner Werkstatt geführt. Im Ernst: Ich bin oft auf der Suche nach einer Methode, um aus der Mitte eines Werkstücks Material zu entfernen. Eine Ständerbohrmaschine eignet sich nur für relativ kleine, runde Löcher. Eine Bandsäge benötigt einen Zugangsschnitt von einer Außenkante des Werkstücks, was nicht immer machbar ist. Eine sogenannte Säbelsäge käme vielleicht in Frage, aber das hängt von der Größe des Werkstücks ab. Größere Ausschnitte sind unproblematisch, aber haben Sie jemals versucht, ein kleines Werkstück auf der Kante Ihrer Werkbank zu bearbeiten, damit Sie weder in deren Oberfläche noch in Ihre eigene Hand schneiden?

Wie wäre es, wenn man eine Säge kopfüber installiert, wie eine Handoberfräse in einem Handoberfräsentisch? So könnten man Schweifschnitte und Umrisse jeder Form und Größe mit höherer Genauigkeit und geringerer Verletzungsgefahr ausführen. Ein sowieso nützliches Werkzeug würde so noch viel nützlicher. Mit den vielen heute verfügbaren Blättern für die Stichsäge könnte man auch Metall, PVC und andere Kunststoffe und sogar Fliesen schneiden. Ich muss zugeben, dass die Idee nicht voll-

kommen neu ist. Es gibt eine kommerzielle Version auf dem Markt. Allerdings leidet sie unter einigen Einschränkungen, die ich bei meinem eigenen Entwurf beseitige.

Zum einen wollte ich auch Fasen schneiden können und verbrachte viel Zeit mit experimentellen Entwürfen für neigbare Halteschlitten. Dann wurde mir klar, dass der beste Mechanismus für diese Aufgabe schon in die Stichsäge eingebaut ist. Zweitens wollte ich einen größeren Durchlass als bei der kommerziellen Version, um auch größere Werkstücke sägen zu können, ohne dass sie an den senkrechten Pfosten stoßen. Also machte ich die Einheit größer und sah einen abnehmbaren Arm vor, sodass es fast keine Größeneinschränkungen mehr gab. Schließlich wollte ich, wie bei allen meinen selbstgebauten Maschinen, noch so viele schöne Detaillösungen wie möglich unterbringen. Also baute ich eine geräumige Schublade für Sägeblätter ein, sah auswechselbare Einsätze für den Arbeitstisch vor, um saubere Schnitte und eine bessere Blattführung zu erreichen, fügte einen leicht zu verstellenden Niederhalter hinzu, um die Arbeitssicherheit zu erhöhen, und rüstete den Arbeitstisch mit einem Klappmechanismus aus, um die Stichsäge im Gehäuse leichter erreichen zu können.

Diese stationäre Stichsäge bietet mehr Verwendungsmöglichkeiten, als man vielleicht denken möchte. Sie ist eine der meistgenutzten Maschinen in meiner Werkstatt, und ich glaube, dazu wird sie auch in Ihrer Werkstatt werden. Wollen wir loslegen?

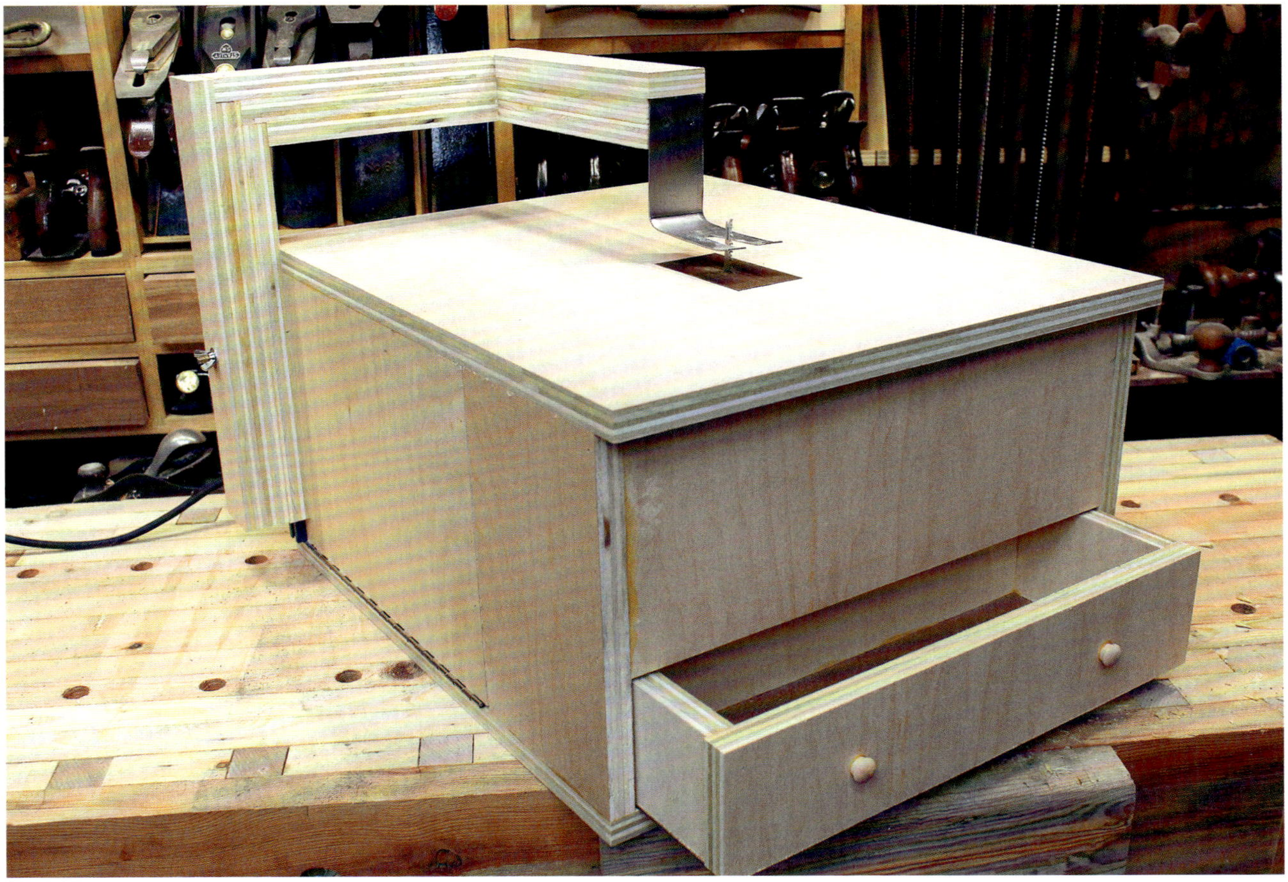

Verwandeln Sie ein Elektrowerkzeug zu einer Holzbearbeitungsmaschine, die sich in Ihrer Werkstatt unentbehrlich macht!

Stationäre Stichsäge

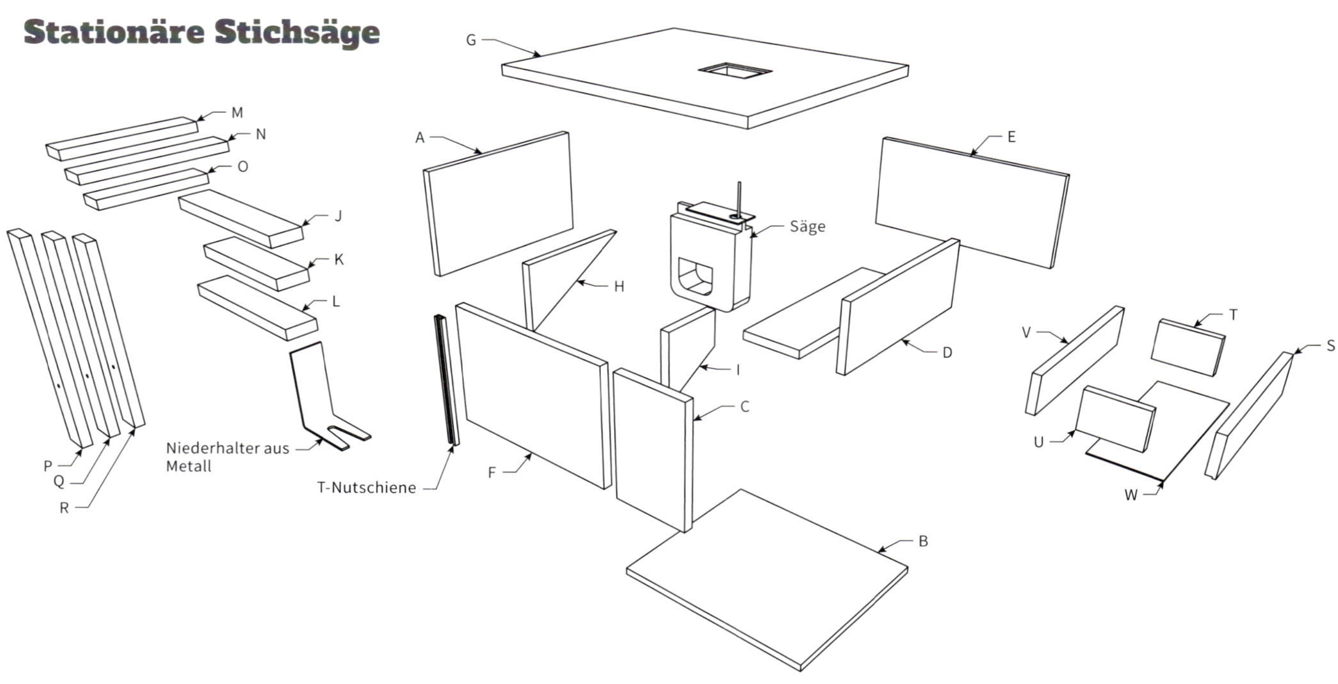

Materialliste				
Anzahl	**Bauteil**	**Bezeichnung**	**Maße**	**Material**
1	Gehäuserückwand	A	255 x 420 mm	20-mm-Sperrholz
1	Gehäuseboden	B	455 x 520 mm	20-mm-Sperrholz
1	Linke Gehäuseseitenwand	C	255 x 150 mm	20-mm-Sperrholz
1	Gehäusevorderwand	D	155 x 420 mm	20-mm-Sperrholz
1	Rechte Gehäusewand	E	520 x 255 mm	20-mm-Sperrholz
1	Linke Arbeitstischplatte	F	250 x 370 mm	20-mm-Sperrholz
1	Arbeitstischplatte	G	455 x 540 mm	20-mm-Sperrholz
1	Obere Konsole hinten	H	150 x 250 mm	20-mm-Sperrholz
1	Obere Konsole vorne	I	150 x 125 mm	20-mm-Sperrholz
1	Armschicht	J	50 x 253 mm	20-mm-Sperrholz
2	Armschicht	K & O	50 x 200 mm	20-mm-Sperrholz
1	Armschicht	L	50 x 250 mm	20-mm-Sperrholz
1	Armschicht	M	50 x 240 mm	20-mm-Sperrholz
1	Armschicht	N	50 x 270 mm	20-mm-Sperrholz
1	Armschicht	P	50 x 425 mm	20-mm-Sperrholz
1	Armschicht	Q	50 x 405 mm	20-mm-Sperrholz
1	Armschicht	R	50 x 385 mm	20-mm-Sperrholz
1	Schubladenvorderstück	S	95 x 420 mm	20-mm-Sperrholz
2	Schubladenseitenstücke	T & U	90 x 125 mm	20-mm-Sperrholz
1	Schubladenhinterstück	V	90 x 420 mm	20-mm-Sperrholz
1	Schubladenboden	W	160 x 420 mm	3-mm-Hartfaserplatte
10	Arbeitstischeinsätze		150 x 200mm	3-mm-Hartfaserplatte

Beschläge und Hilfsmittel	
	Etwa 230 mm T-Nutschiene
1	6 x 75 mm T-Nutschraube
1	6-mm-Flügelschraube und Unterlegscheibe
	50 x 240 mm starkes Stahlblech
1	Klavierband, 355 mm lang

Teil Eins: Der Arbeitstisch

Abbildung 1

Abbildung 2

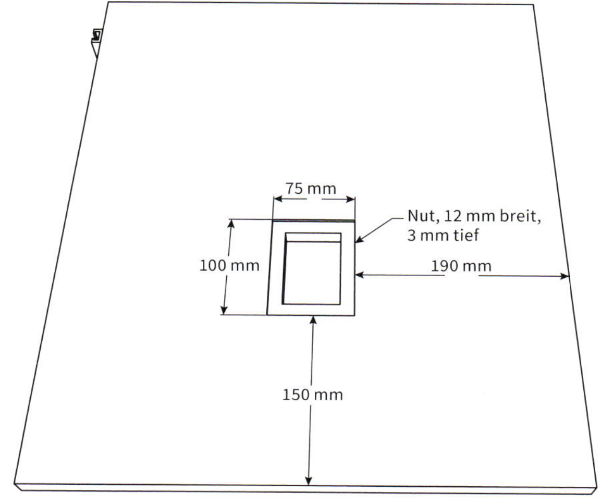

Abbildung 3

Abbildung 4

SCHRITT 1: Reißen Sie das rechteckige Loch in Platte G an. Das Rechteck sollte 150 mm Abstand von der Vorderkante der Platte haben, 290 mm von der hinteren Kante, und 190 mm von den Seiten **(ABBILDUNG 3)**.

SCHRITT 2: Rüsten Sie dann die Handoberfräse mit einem 12-mm-Nutfräser auf, und stellen Sie die Schnitttiefe auf 3 mm ein. Fräsen Sie vorsichtig an der Innenseite des angerissenen Rechtecks entlang. Bleiben Sie etwa 0,5 mm innerhalb des Risses, und entfernen Sie den Rest in einem zweiten Durchgang **(ABBILDUNG 1)**.

SCHRITT 3: Stellen Sie die Schnitttiefe jetzt so ein, dass der Fräser ganz durch die Platte schneidet. Schneiden Sie das Mittelstück des Rechtecks aus. Lassen Sie einen etwa 12 mm breiten Falz stehen **(ABBILDUNG 2)**. Stechen Sie die Ecken mit dem Beitel rechtwinklig nach.

SCHRITT 4: Drehen Sie die Platte um, und stellen Sie Ihre Stichsäge so über das Loch, dass sich das Sägeblatt in der Mitte befindet. Achten Sie darauf, dass die Grundplatte der Stichsäge parallel zu den Seiten der Arbeitstischplatte steht. Bohren Sie vier Löcher durch die Grundplatte, und befestigen Sie die Stichsäge mit Schrauben am Arbeitstisch **(ABBILDUNG 4)**.

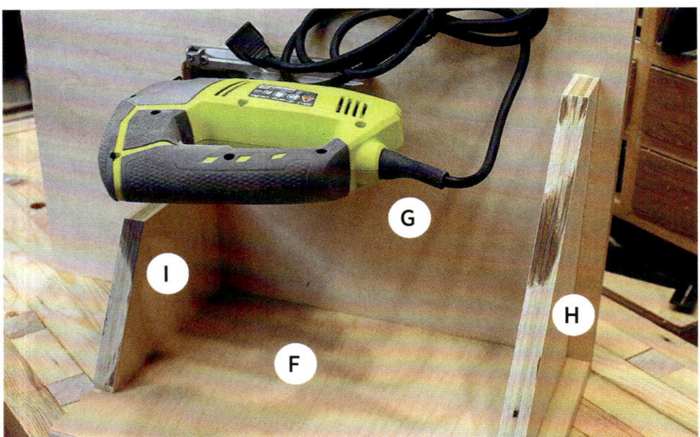

Abbildung 5

Abbildung 6

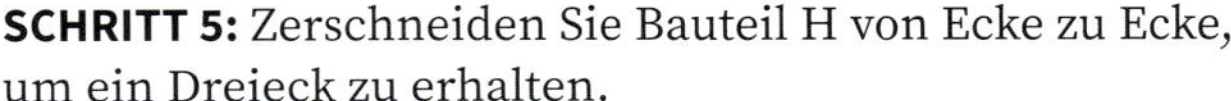

SCHRITT 5: Zerschneiden Sie Bauteil H von Ecke zu Ecke, um ein Dreieck zu erhalten.

SCHRITT 6: Messen Sie 75 mm an einer der Längsseiten von Teil I ab. Ziehen Sie von diesem Punkt zu einer der Ecken an der gegenüberliegenden Seite eine Linie. Schneiden Sie an diesem Riss entlang, und entsorgen Sie das kleine dreieckige Reststück.

SCHRITT 7: Befestigen Sie die Konsolen H und I an der Platte F. Die Konsole H sollte 20 mm von der Kante der Platte F stehen. Konsole I wird mit der Kante der Platte F fluchtend befestigt **(ABBILDUNG 5)**.

SCHRITT 8: Bringen Sie die Bauteile F, H und I an der Platte G an, wie in **ABBILDUNG 5** zu sehen.

SCHRITT 9: Bringen Sie das Klavierband an der Kante der Platte F der Arbeitstischeinheit an **(ABBILDUNG 6)**.

Teil Zwei: Das Gehäuse

SCHRITT 10: Legen Sie in etwa 40 mm Entfernung von der unteren Kante ein Fitting für Ihre Staubabsaugung mittig auf die Platte A. Übertragen Sie den Umriss des Fittings mit einem Bleistift auf die Platte, und schneiden Sie den Verschnitt mit einer Stichsäge aus. Am besten sägen Sie in einigem Abstand innerhalb des Bleistiftstrichs und arbeiten das Loch dann am Spindelschleifer oder mit einer Raspel nach. Kontrollieren Sie zwischendurch, bis Sie eine gute Presspassung erreicht haben **(ABBILDUNG 7)**.

Abbildung 7

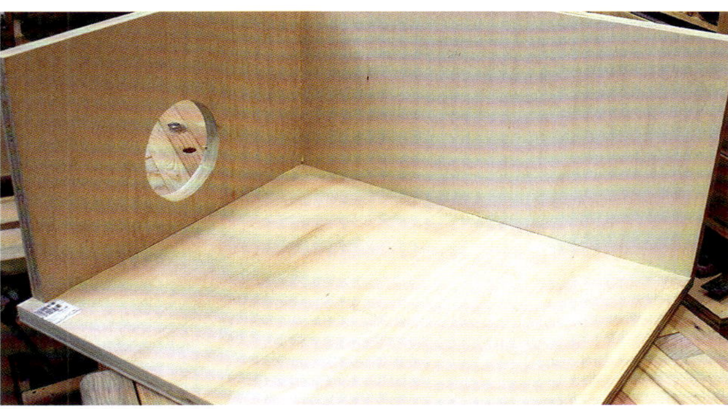
Abbildung 8

Abbildung 9

Abbildung 10

Abbildung 11

SCHRITT 11: Bringen Sie als nächstes die Platten A und E an der Grundplatte B an. Die Platte A reicht nicht bis an die linke Kante der Platte B (**ABBILDUNG 8**).

SCHRITT 12: Befestigen Sie die Platte C mit Leim und Drahtstiften an der Platte D, wie in **ABBILDUNG 9** zu sehen.

SCHRITT 13: Drehen Sie abschließend die Baueinheit aus den Platten C/D um und befestigen Sie sie an der Baueinheit A/E/B wie in **ABBILDUNG 10** zu sehen.

SCHRITT 14: Zu diesem Zeitpunkt wäre es eine gute Idee, ein Loch in die Platte A zu bohren, das groß genug ist für den Stecker am Stromkabel Ihrer Stichsäge. Bohren Sie das Loch neben dem größeren Loch für die Staubabsaugung, sodass es nicht durch die Konsolen verdeckt wird, wenn der Arbeitstisch angebracht wird.

Eine schöne Oberfläche …

Wenn Sie so sind wie ich, möchten Sie auch, dass Ihre selbstgebauten Maschinen möglichst lange gut aussehen. Das bedeutet, dass man ein Oberflächenmittel auf das schöne Deckfurnier des Sperrholzes aufträgt, aus dem die Maschinen gebaut wurden. Ich verwende am liebsten einen guten wasserlöslichen Polyurethanlack, weil er leicht aufzutragen ist, schnell trocknet, und sehr widerstandsfähig ist. Für die meisten Bauteile sind zwei oder drei Schichten ausreichend. An Stellen, die stärker strapaziert werden, sollten Sie allerdings ein paar zusätzliche Schichten auftragen.

Teil Drei: Der Niederhalter

SCHRITT 15: Schneiden Sie ein Rechteck mit den Maßen 50 x 240 mm aus dem stärksten Stahlblech, dass Sie zur Hand haben. Bohren Sie in 60 mm Entfernung von einem Ende ein 12-mm-Loch durch den Stahl (**ABBILDUNG 12**).

SCHRITT 16: Sägen Sie mit einer Metallsäge vom Ende bis zu den beiden Außenseiten des Lochs wie in **ABBILDUNG 12** zu sehen. Glätten Sie die Sägegrate mit einer Feile.

SCHRITT 17: Biegen Sie den Stahl in 110 mm Entfernung von dem Ende, an dem Sie eingeschnitten haben, um 90°. Bohren Sie dann am anderen Ende zwei 6-mm-Löcher (**ABBILDUNG 13**).

HINWEIS: Der Arm besteht aus vielen Einzelteilen, die alle in der richtigen Reihenfolge miteinander verleimt werden müssen, um eine biegefeste Einheit zu ergeben. Markieren Sie alle Teile mit den Buchstaben aus der Materialliste und **ABBILDUNG 15**, bevor Sie anfangen. Kontrollieren Sie die Teile immer auf Rechtwinkligkeit, bevor Sie sich der nächsten Lage zuwenden. Es kann hilfreich sein, kurze Drahtstifte ohne Kopf in jede Lage einzuschlagen, um zu verhindern, dass sie sich gegeneinander verschieben.

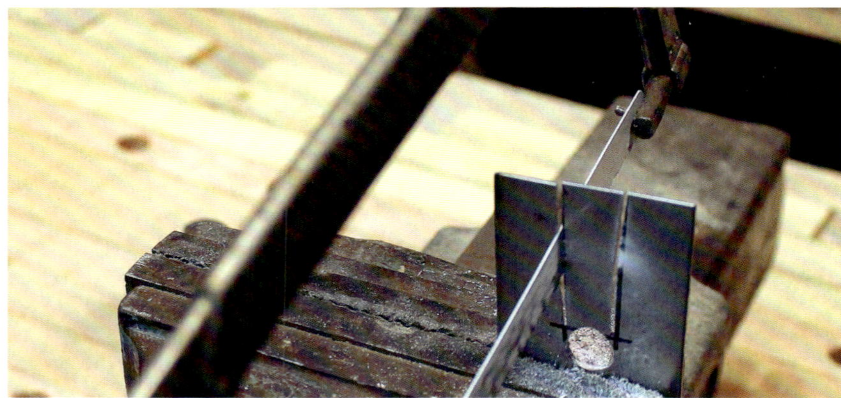

Abbildung 12

Abbildung 13

SCHRITT 18: Legen Sie die Teile L und O aneinander wie in **ABBILDUNG 14** zu sehen.

Abbildung 14

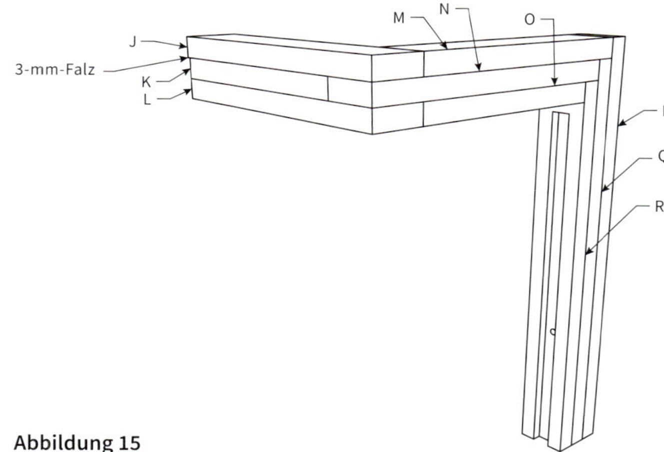

Abbildung 15

Abbildung 16

Abbildung 17

SCHRITT 19: Leimen Sie die Teile K und N darauf wie in **ABBILDUNG 16** zu sehen, Achten Sie darauf, dass der Überstand genau 20 mm beträgt.

SCHRITT 20: Leimen Sie die Teile J und M darauf wie in **ABBILDUNG 17** zu sehen.

SCHRITT 21: Leimen Sie die Teile P, Q und R zusammen wie in **ABBILDUNG 18** zu sehen. Achten Sie auch hier darauf, dass der Überstand jedes Teils genau 20 mm beträgt.

Abbildung 18

SCHRITT 22: Fräsen Sie eine Nut entlang der Mitte der Baueinheit, die genauso breit und etwas tiefer ist als Ihre T-Nutschiene. Setzen Sie die Nut knapp vor dem gestuften Ende ab **(ABBILDUNG 18)**.

SCHRITT 23: Legen Sie die gestuften Enden der beiden Baueinheiten zusammen wie in **ABBILDUNG 19** zu sehen. Geben Sie Leim an, und setzen Sie Zwingen an. Nach dem Trocknen können Sie nach Belieben von beiden Seiten Drahtstifte in die Verbindung treiben, um sie belastbarer zu machen **(ABBILDUNG 20)**.

Abbildung 19

Abbildung 20

Abbildung 21

SCHRITT 24: Bohren Sie in 125 mm Entfernung vom Ende ein 8-mm-Loch durch die Mittellinie der Nut. Stecken Sie eine T-Mutter durch dieses Loch **(ABBILDUNG 21)**.

SCHRITT 25: Bringen Sie in 20 mm Entfernung von der linken Kante der Rückwand ein Stück T-Nutschiene parallel zu dieser Kante an **(ABBILDUNG 22)**.

SCHRITT 26: Schieben Sie dann den Arm über die T-Nutschiene, sodass der Kopf der T-Mutter in die Schiene gleitet. Sichern Sie den Arm mit einer Unterlegscheibe und einer Flügelmutter **(ABBILDUNG 23)**.

Abbildung 22

Abbildung 23

Teil Vier: Die Schublade

Abbildung 24

Abbildung 25

SCHRITT 27: Stellen Sie die Schnitttiefe Ihrer Tischkreissäge auf 12 mm ein. Stellen Sie den Parallelanschlag auf 90 mm ein, und schneiden Sie am Teil S einen 3 mm breiten Falz an einer der Längskanten an. Falls Ihr Sägeblatt schmaler als 3 mm ist, müssen Sie zwei Schnitte ausführen, um den Verschnitt vollkommen zu entfernen. Der angeschnittene Falz ist unter der Bleistiftspitze in **ABBILDUNG 24** zu sehen.

Passt die Schublade?

Da die Schublade klein ist, können die Verbindungen einfach gestaltet werden. Messen Sie die lichte Weite der Öffnung in der Gehäusevorderseite, um sicherzustellen, dass sich keine Fehler eingeschlichen haben, die eine Veränderung der Schubladengröße notwendig machen könnten. Sie sollten auch die Entfernung von der Vorderseite der Maschine bis zum vorderen Ende der Stichsäge messen, damit die Schublade eingeschoben werden kann, ohne den Griff der Säge zu berühren.

Abbildung 26

SCHRITT 28: Bauen Sie die vier Seiten der Schublade (S, T, U und V) zusammen wie in **ABBILDUNG 24** zu sehen.

SCHRITT 29: Befestigen Sie den Laubholzboden W im Falz wie in **ABBILDUNG 25** zu sehen.

SCHRITT 30: Versehen Sie das Vorderstück der Schublade mit einem Griffloch oder kleinen Griff.

SCHRITT 31: Stecken Sie die Schublade in den Kasten im Gehäuse, und leimen Sie hinter der Schublade einen Holzstreifen als Stoppklotz auf den Gehäuseboden (**ABBILDUNG 26**).

Abbildung 27

SCHRITT 32: Schneiden Sie dann ein Stück Sperrholz (130 x 420 mm) als Staubabdeckung über der Schublade zu. Achten Sie darauf, dass diese Staubabdeckung und die Konsole I sich nicht gegenseitig im Weg sind, wenn Sie das Gehäuse schließen. Befestigen Sie die Staubabdeckung mit Drahtstiften, die Sie von außen durch das Gehäuse treiben (**ABBILDUNG 27**).

Abbildung 28

SCHRITT 33: Die Materialliste enthält mehrere Stücke Hartfaserplatte, die als auswechselbare Arbeitstischeinsätze dienen. Die Einsätze sollten genau in die Öffnung im Arbeitstisch passen, man schneidet sie also am besten mit leichtem Übermaß zu und schleift die Kanten nach, bis die Passung gut ist. Um einen Einsatz auszuwechseln, wird der alte entnommen und der neue bei eingeschalteter Stichsäge vorsichtig in die Aussparung geschoben, sodass man eine Sägefuge erhält (**ABBILDUNG 28**).

Falls sich ein Einsatz während des Sägens nach oben hebt, ist er zu klein für die Aussparung. Das lässt sich lösen, indem man kurze Flachkopfschrauben durch den Einsatz in den darunterliegenden Falz treibt und die Köpfe versenkt. Falls Sie sich zu dieser Variante entschließen, sollten Sie darauf achten, die Schraubenlöcher an allen Einsätzen an den gleichen Stellen zu bohren, damit sie immer auf die vorhandenen Bohrlöcher im Falz treffen. Es bietet sich an, in diesem Fall einige Dutzend Einsätze auf Vorrat zuzuschneiden und die Schraubenlöcher gleichzeitig durch den gesamten Stapel zu bohren. So muss man die Arbeit längere Zeit nicht wiederholen.

Abbildung 29

Abbildung 30

Gratis im Internet

Falls Sie sich eine Reihe von Episoden von „The Homemade Workshop“ angesehen haben, werden Sie vermutlich die vielen Einsatzmöglichkeiten dieser einfachen Maschine kennengelernt haben. Wir verwenden sie mehrmals an jedem Tag, und es scheint, als fänden wir immer wieder neue Einsatzzwecke. Um Ihnen zu helfen, das Beste aus Ihrer neuen Maschine zu machen, haben wir einige Tipps und anderes Videomaterial kostenfrei auf unserer Internetseite zur Verfügung gestellt: stumpynubs. com/homemade-tools.html.

Abbildung 31

Multifunktions-schleiftisch

Nicht nur zum Schleifen! Mit diesem Tisch können Sie Ihre Werkstücke sicher einspannen und staubfrei arbeiten, während sie sägen, fräsen, zusammenbauen und schleifen!

5

Wenn es etwas gibt, das ich hasse, dann ist es Schleifen. Das Schleifen ist für mich bei jedem Werkstück die schlimmste Arbeit. Ich habe sogar schon mit dem Gedanken gespielt, der Tischkreissäge einen Daumen zu opfern, nur damit ich nicht mehr schleifen muss.

Der Entwurf des Multifunktionsschleiftischs sollte meine Schleifprobleme in mehrerer Hinsicht lösen. Es beginnt mit den Leitplatten im Inneren, die den Saugdruck gleichmäßig auf die gesamte Arbeitsfläche verteilen. Diese Arbeitsfläche wiederum ist groß genug für fast jede Aufgabe, und die 20-mm-Löcher sorgen für so hohen Luftdurchsatz, dass der Holzstaub schon abgeführt wird, bevor er überhaupt so hoch aufsteigen kann, dass man ihn einatmen könnte. In Verbindung mit einer guten, groß dimensionierten Absauganlage ist der Schleiftisch für eine Vielfalt von Arbeiten geeignet, bei denen feiner Staub entsteht. Für das Absaugen ist also gesorgt. Ich wollte aber auch ein Werkstattmöbel, das Werkstücke halten und fixieren kann. Also baute ich ein Raster von T-Nutschienen ein, in denen sich verschiedene Zwingen, Anschläge und Niederhalter anbringen lassen. Damit kann man nicht nur die Werkstücke beim Schleifen sichern, sondern die Zubehörteile dienen auch als ‚dritte Hand', wie man sie sonst nur von einer traditionellen Hobelbank zur Verfügung gestellt bekommt. Ob man einen Blendrahmen mit schrägen Sacklochschrauben zusammenbaut, mit der Handoberfräse Profilleisten schneidet oder einfach nur ein Werkstück mit dem Stechbeitel nacharbeitet: Auf der Arbeitsfläche lässt sich alles immer sicher und bequem halten. Ich bin nicht der Erste, der einen Schleiftisch konstruiert hat. Ich bin nicht einmal der erste, der T-Nutschienen in die Arbeitsfläche einer Werkbank eingelassen hat. Aber ich bin vielleicht der Erste, der diese beiden Ideen in einer Multifunktionseinheit verbunden hat.

Multifunktions-Schleiftisch

Abbildung 1

SCHRITT 1: Die Deckplatte (A) muss mit einem Raster aus Nuten versehen werden wie in **ABBILDUNG 1** zu sehen. Sie können mit einer Handoberfräse oder mit einem Nutsägeblatt an der Tischkreissäge auf die Breite der T-Nutschiene geschnitten werden. Stellen Sie die Schnitthöhe auf 10 mm bzw. auf die Höhe Ihrer T-Nutschiene ein.

SCHRITT 2: Stellen Sie den Anschlag auf eine Entfernung von 20 mm vom (Nut-)-Sägeblatt ein, und schneiden Sie an den beiden kurzen Kanten der Platte entlang.

SCHRITT 3: Verstellen Sie den Anschlag auf eine Entfernung von 35 mm vom Sägeblatt, und sägen Sie dann an den beiden Längskanten der Platte entlang.

SCHRITT 4: Verstellen Sie schließlich die Entfernung vom Anschlag bis zum Nutsägeblatt auf 245 mm ein, und schneiden Sie ein zweites Mal an einer der Längskanten entlang. Diese Nut sollte genau in der Mitte der Platte verlaufen, sodass Sie ein Raster erhalten wie in **ABBILDUNG 2** zu sehen.

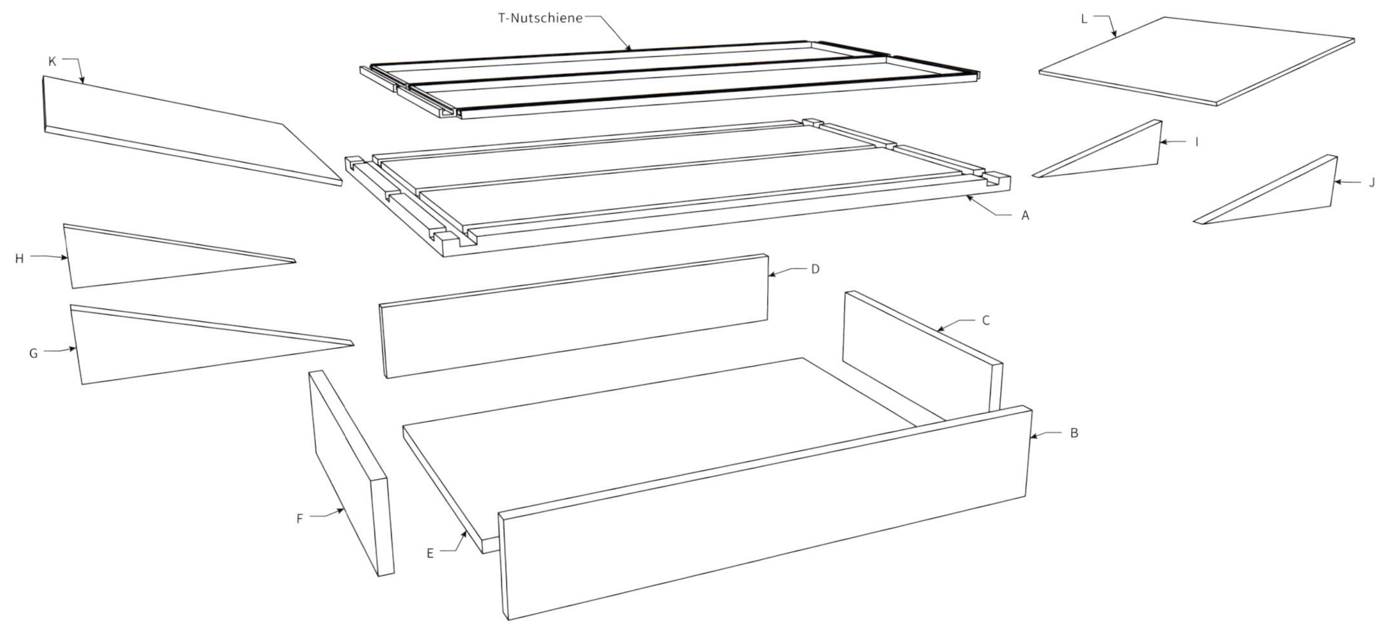

Materialliste

Anzahl	Bauteil	Bezeichnung	Maße	Material
1	Arbeitstischplatte	A	510 x 750 mm	20-mm-Sperrholz
2	Vorder- und Hinterwand	B & D	125 x 715 mm	20-mm-Sperrholz
1	Boden	E	390 x 680 mm	20-mm-Sperrholz
2	Seitenwände	C & F	125 x 390 mm	20-mm-Sperrholz
2	Konsolen für Leitplatten	G-J	80 x 275 mm	20-mm-Sperrholz
2	Leitplatten	K-L	395 x 290 mm	20- oder 3-mm-Hartfaserplatte

Beschläge

3 T-Nutschiene, 900 mm lang*

1 T-Nutschiene, 300 mm lang*

* Die vorkonfektionierte Länge ist nicht so wichtig wie das Endmaß. Sie benötigen drei Schienen mit 685 mm Länge und vier mit 190 mm Länge.

Abbildung 2

SCHRITT 5: Sie können jetzt die T-Nutschienen zuschneiden, um die Passung zu kontrollieren, wie in **ABBILDUNG 3** zu sehen, aber befestigen Sie sie noch nicht mit Schrauben. Vorher sollten Sie die Absauglöcher anreißen und bohren. Legen Sie zuerst ein Lineal oder Maßband über die Deckplatte wie in **ABBILDUNG 3** zu sehen. Bringen Sie bei 75 mm eine Markierung an und dann im Abstand von jeweils 50 mm, bis Sie bei 675 mm angelangt sind. Ziehen Sie mit einem Winkel senkrechte Linien von jedem Punkt quer über den Tisch.

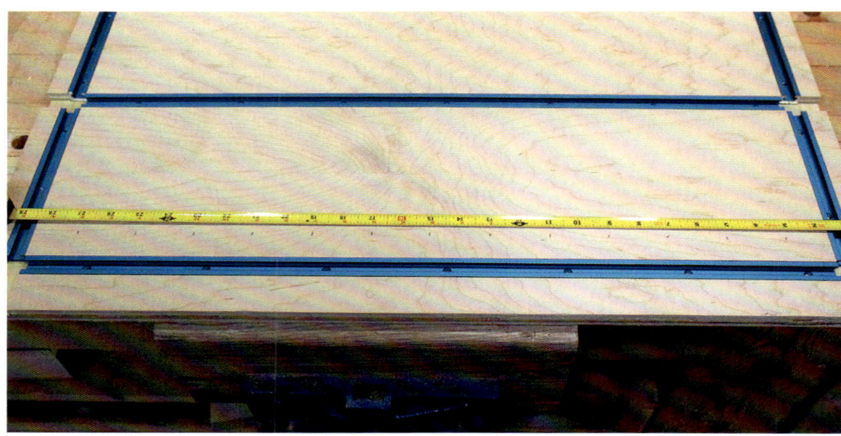

Abbildung 3

SCHRITT 6: Unterteilen Sie die beiden rechteckigen Flächen innerhalb des Rasters aus T-Nutschienen in drei waagerechte Reihen, und bohren Sie entlang dieser Reihen ein 20-mm-Loch im Abstand der Markierung des vorigen Schritts (**ABBILDUNG 4**). Stellen Sie die Deckplatte danach beiseite.

Abbildung 4

Gibt es eine bessere Methode?

Wenn man eine Anleitung wie diese schreibt, findet sich immer jemand, der wissen möchte, warum ein bestimmtes Bauteil genau auf diese Weise gestaltet ist, oder warum ein bestimmtes Teil vor einem anderen angebracht wird… Die Arbeitsweisen unterscheiden sich von einer Person zur nächsten. Die Position der T-Nutschienen an diesem Werkstück ist ein gutes Beispiel. Vielleicht ziehen Sie es vor, wenn die Schienen etwas weiter von den Kanten des Tisches entfernt liegen, vielleicht erscheint Ihnen auch ein anderes Rastermaß sinnvoller. Allerdings sollten Sie bedenken, dass es fast immer einen Grund für solche Gestaltungentscheidungen gibt. In diesem Fall sind die T-Nutschienen absichtlich über den Seitenwänden des darunterliegenden Gehäuses positioniert, damit mehr Material zur Verfügung steht, in das die Schrauben greifen können. Nur die mittlere Schiene bildet eine Ausnahme. Außerdem kragt die Tischplatte über das Gehäuse aus, damit man den Tisch mit einem Untergestell oder einer anderen Maschine kombinieren kann. Die Moral der Geschichte lautet: Manchmal finden Sie vielleicht eine bessere Methode, etwas zu machen, und ich möchte Sie ermuntern, die hier vorgestellten Werkstücke so zu modifizieren, dass sie Ihren Ansprüchen gerecht werden. Achten Sie aber darauf, dass dabei die Funktionsfähigkeit der Maschine insgesamt nicht beeinträchtigt wird!

Abbildung 5

Abbildung 6

SCHRITT 7: Legen Sie den Boden (E) zurecht. Je nach späterer Montage des Schleiftischs möchten Sie diesen Boden vielleicht mit einem Durchlass für die Staubabsaugung versehen. In diesem Fall schlage ich vor, ein Loch für ein 100-mm-Fitting zu schneiden. Legen Sie dafür das Fitting auf die Bodenplatte, und übertragen Sie den Umriss mit Bleistift auf die Platte. Schneiden Sie mit einer Stichsäge (oder noch besser mit meinem Stichsägentisch, falls Sie ihn nachgebaut haben) innerhalb des Risses entlang **(ABBILDUNG 5)**. Säubern Sie den Schnitt mit einem Spindelschleifer oder einer Raspel. Falls der Schleiftisch ein eigenes Untergestell bekommen soll, kann es besser sein, das Loch für die Staubabsaugung in die Rückwand anstatt (D) in den Boden zu schneiden.

SCHRITT 8: Befestigen Sie die Platten D und F an den Kanten der Bodenplatte wie in **ABBILDUNG 6** zu sehen.

Faserausrisse vermeiden!

Ich verwende einen Spatenbohrer, um die Löcher in die Tischplatte zu bohren, weil Spatenbohrer eine längere Zentrierspitze aufweisen als die meisten Forstnerbohrer. Ich bohre fast ganz durch das Material und drehe dann die Platte um, sodass die Reihen von kleinen Löchern zu sehen sind, die von der Zentrierspitze auf der Rückseite hinterlassen wurden. Diese kleinen Führungslöcher verwende ich dann, um von dieser Seite aus das restliche Material auszubohren. So lassen sich die hässlichen Faserausrisse vermeiden, die so oft bei furnierten Sperrholzplatten entstehen.

Abbildung 7

Abbildung 8

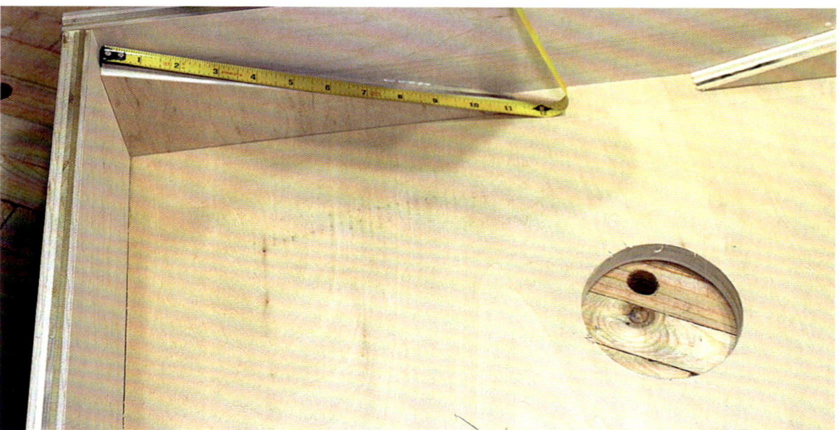
Abbildung 9

SCHRITT 9: Fügen Sie die Platten B und C hinzu wie in **ABBILDUNG 7** zu sehen, um einen kastenförmigen Korpus zu erhalten.

SCHRITT 10: In der Materialliste sind zwei Rechtecke von 80 x 275 mm aufgeführt. Trennen Sie diese beiden Rechtecke jetzt von einer Ecke zur anderen auf, um vier Dreiecke zu erhalten. Das sind die Konsolen für die Leitplatten (G-J). Leimen Sie sie an den Längsseiten des Korpus‘ in die vier Ecken **(ABBILDUNG 8)**.

SCHRITT 11: Die Leitplatten (K und L) sind in der Materialliste bemaßt, aber ich ziehe es vor, sie auszumessen, um sicherzustellen, dass sie passen. Messen Sie die Länge der Schrägen an den Konsolen **(ABBILDUNG 9)** und die lichte Innenlänge des Korpus'. Schneiden Sie aus einem dünnen Material, das Sie gerade zur Hand haben, die beiden Leitplatten zu.

Gratis im Internet

Sie werden häufig am Multifunktionsschleiftisch arbeiten. Ob ich eine Elektroschleifmaschine, eine Stichsäge, ein Multifunktionswerkzeug oder auch nur eine Handsäge benutze – bei allen staubträchtigen Arbeiten erweist sich diese vielseitige Arbeitsfläche als Vorteil. Auch die Einspannmöglichkeiten sind schier endlos. Auf unserer Internetseite kann man den Tisch im Einsatz sehen und vielleicht noch ein paar Ideen sammeln: stumpynubs.com/homemade-tools.html.

SCHRITT 12: Befestigen Sie die Platten auf den Konsolen wie in **ABBILDUNG 10** zu sehen. Nach Bedarf können Sie in diesem Stadium auch die Verbindungsstellen im Korpusinneren abdichten.

SCHRITT 13: Legen Sie die Deckplatte so auf den Korpus, dass die Korpusseiten sich direkt unter den T-Nutschienen befinden. Achten Sie darauf, dass der Korpus rechtwinklig ist, bevor Sie 30-mm-Schrauben durch die Schraubenlöcher in den T-Nutschienen bis in die oberen Kanten des Korpus' drehen. Für die mittlere T-Nutschiene reichen 12-mm-Schrauben. Alle Schrauben sollten Flachköpfe aufweisen (**ABBILDUNG 11**).

SCHRITT 14: Es gibt eine Reihe von kommerziell erhältlichen Zubehörteilen, mit denen Sie Ihren neuen Multifunktionsschleiftisch ausstatten können. Meine Lieblinge sind 20-mm-Ständer, die in die Löcher des Tischs passen und die sogenannten Bench Cookies der Firma Rockler tragen. Diese Halteteller sind großartig, wenn es darum geht, ein Werkstück über den Arbeitstisch anzuheben. Dadurch wird nicht nur der Luftabzug verbessert, es schützt auch die Arbeitsfläche bei vielen Schneid-, Bohr- und Fräsarbeiten. Auch viele der Zwingen und Niederhalter, die es von verschiedenen Herstellern gibt, können sich als sehr nützlich erweisen. Als „echter Heimwerker“ ziehen Sie es aber vielleicht auch vor, solche Hilfsmittel selbst herzustellen.

Abbildung 10

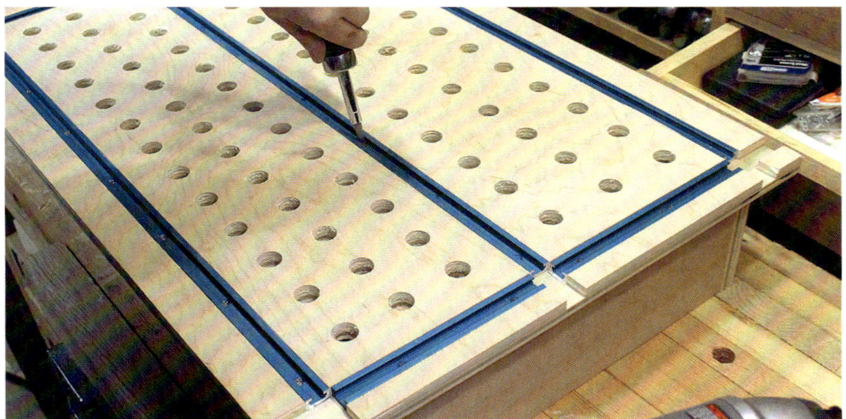

Abbildung 11

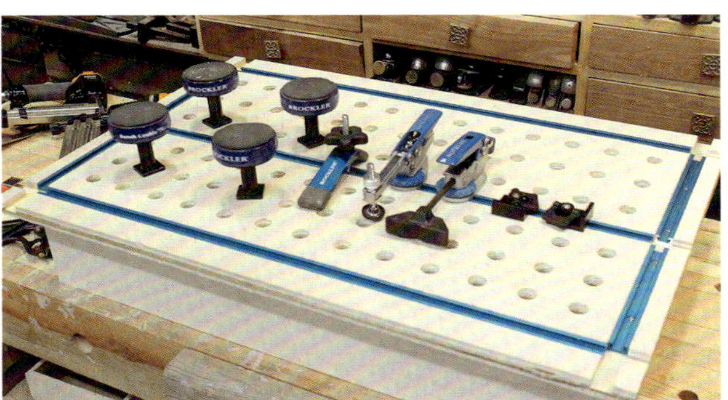

Abbildung 12

Fliehkraftabscheider für den Staubsauger

Mit diesem Zubehör für Ihren Werkstattsauger bleiben dessen Filter länger sauber und Ihre Werkstatt ordentlich.

6

Staubabsaugung ist ein wichtiges Thema in der Werkstatt von Stumpy Nubs. Wie sehr wir uns auch bemühen, den Staub einzufangen, es scheint,als ob er sich schließlich doch alles mit einer Schicht bedeckt. Das kann für unser Inneres doch einfach nicht gut sein, oder? Es gibt Menschen, die sich über diese Gefahr lustig machen. Etwa so wie ein Kohlengrubenarbeiter, der bei jedem Wort, mit dem er beteuert, er glaube nicht an die Geschichten von Kohlenstaublungen, eine Staubwolke auspustet. Ich weiß nicht, wie viel Holzstaub nötig ist, bis meine Lungen verstopft sind, aber ich würde es vorziehen, wenn er in meinem Werkstattstaubsauger hängen bleibt wird anstatt an den Haaren meiner Nase. Das einzige Problem ist, dass die Filter im Werkstattstaubsauger sich zu schnell zusetzen, worunter seine Effektivität leidet. Die Lösung? Ein Fliehkraftabscheider.

Diese Einrichtungen, die heute auch im Deutschen immer häufiger als Cyclon bezeichnet werden, fanden sich früher nur in großen, industriellen Staubabsauganlagen, wie sie etwa in Sägemühlen oder Möbelfabriken eingesetzt wurden. Heutzutage werden sie aber überall eingebaut, von dem Staubsauger, mit dem Sie Ihre Fußböden saugen, bis hin zu dem kleinen Batteriegerät, mit dem ich die Krümel aus der Computertastatur sauge. Warum? Weil sie funktionieren! Fliehkraftabscheider machen Staubsauger effizienter. Sie verlangsamen den kräftigen Luftstrom, mit dem Schmutz und Staub in den Sauger getragen werden, sodass alle Festteile außer den allerfeinsten auf den Boden des Behälters fallen, bevor die Luft aus dem Abscheider austritt. So bleibt der Filter staubfrei und büßt keine Saugkraft ein. Die Idee ist so naheliegend, dass es schon fast kriminell ist, wenn Werkstattstaubsauger nicht mit eingebauten Fliehkraftabscheidern versehen sind. Ich warte schon seit Jahren darauf, dass einer auf den Markt kommt. Aber wie fliegende Autos und ein wohlschmeckendes alkoholarmes Bier hat der Cyclonwerkstattstaubsauger sich bisher den Bemühungen der Techniker widersetzt.

Natürlich gibt es einige kommerzielle Aufrüstmöglichkeiten. Sie kosten jedoch auch einiges. Aber wir sind Holzwerker! Wir bauen unsere Sachen selbst! Also machte ich mich daran, eine einfach zu bauende Version für den Selbermacher zu entwerfen. Man benötigt nicht mehr als etwas Sperrholz, PVC und ein wenig Metallblech für Lüftungskanäle. Das Material bekommt man im nächsten Baumarkt, und es treibt einen nicht in die Pleite. Sie können den Miniaturcyclon auf eine 20-l-Tonne montieren und mit Gurten am Werkstattstaubsauger befestigen, oder (falls Sie nicht vor kleinen Schneidearbeiten zurückschrecken) so wie ich, grundlegende Modifikationen am Staubsauger selbst vornehmen. So oder so können Sie in Zukunft mehr Zeit damit verbringen, Ihre Werkstatt sauber zu machen, als den Filter in Ihrem Werkstattstaubsauger.

Fliehkraftabscheider für Staubsauger

Materialliste

Anzahl	Bauteil	Bezeichnung	Maße	Material
2	Seitenwände	A & B	480 x 240 mm*	20-mm-Sperrholz
2	Boden und Deckel	C & D	445 x 240 mm*	20-mm-Sperrholz
2	Vorder- und Rückwand	E & F	480 x 480 mm	20-mm-Sperrholz
1	Deckel Staubbehälter	G	560 x 560 mm*	20-mm-Sperrholz
1	Zylinderscheibe	I	150 x 150 mm*	20-mm-Sperrholz
1	Zylinderflansch	K	230 x 230mm	20-mm-Sperrholz
1	Kegelflansch	L	230 x 230mm	20-mm-Sperrholz
1	Extrastück für Schablone		230 x 230 mm	20-mm-Sperrholz
2	Ober- und Unterteil Einlassstutzen	N & O	90 x 185 mm	20-mm-Sperrholz
1	Endstück Einlassstutzen	R	50 x 90 mm	20-mm-Sperrholz
	Kegelstumpf	M		
1	Seitenstück rechts Einlassstutzen	P	75 x 200 mm	3-mm-Hartfaserplatte
1	Seitenstück links Einlassstutzen	Q	75 x 190 mm	3-mm-Hartfaserplatte

Beschläge

	300 x 600 mm Metallblech für Lüftungskanäle
	PVC-Rohr, hohe Wandstärke, 150 mm Durchmesser, 165 mm lang, oder ein Rohrkupplungsstück 150 mm Durchmesser **
1	65 mm Verlängerungsrohr für Werkstattsauger
	1000 mm Verlängerungsschlauch für Werkstattsauger mit Anschlussstücken
1	Tube durchsichtige Silikondichtung
	Doppelseitiges Klebeband
	Blindnieten und -zange
	Schrauben, Leim

* Nach Anleitung zuschneiden

** Falls ein Kupplungsstück verwendet wird, müssen die Maße mancher Bauteile abgeändert werden, da der Innen- und Außendurchmesser des Kupplungsstücks größer sind als jene eines Rohrs. Das Teil I muss größer sein, ebenso die Löcher in den Teilen K und L. Der obere Durchmesser des Kegels muss ebenfalls etwas größer ausfallen, und die Breite des Einlassstutzens (Teile N, O und R) muss erhöht werden.

Teil Eins: Der Fliehkraftabscheider

Ein Stück PVC-Rohr mit 150 mm Durchmesser (möglichst hohe Wandstärke) hat die perfekte Größe für das Oberteil des Abscheiders. Leider muss man das Rohr oft in 2-m-Längen kaufen! Falls Sie kein kürzeres (165 mm) Stück bekommen können, können Sie auch auf ein 150-mm-Verbindungsstück zurückgreifen. Dann müssen zwar einige Teile größer ausfallen als es sonst nötig wäre, aber wenn Sie der Anleitung folgen, dürften die Veränderungen unproblematisch sein.

Abbildung 1

SCHRITT 1: Schneiden Sie das PVC-Rohr auf etwa 160 mm Länge zu (falls Sie ein Verbindungsstück verwenden, belassen Sie es in der Originallänge). Stellen Sie es mittig auf das Teil K, und übertragen Sie den Umriss darauf. Schneiden Sie sorgfältig am Riss entlang, um eine enge Passung zu erhalten. Befestigen Sie das Rohr mit Schrauben, die Sie von innen durch den Rand treiben. Bohren Sie vorher Führungslöcher und versenken Sie die Schraubenköpfe **(ABBILDUNG 1)**.

Abbildung 2

SCHRITT 2: Die Verlängerungsrohre von Werkstattstaubsaugern verjüngen sich. Schneiden Sie deshalb ein 150 mm langes Stück vom stärkeren Ende ab **(ABBILDUNG 2)**.

SCHRITT 3: Schneiden Sie eine Sperrholzscheibe, die dicht in Ihr PVC-Rohr oder -Verbindungsstück passt **(ABBILDUNG 3)**.

Abbildung 3

Abbildung 4

SCHRITT 4: Stellen Sie das abgeschnittene Stück Staubsaugerrohr auf die Mitte der Scheibe, und übertragen Sie wie zuvor den Umriss **(ABBILDUNG 3)**. Schneiden Sie innen am Riss entlang, um ein etwas kleineres Loch zu erhalten. Da das Rohr sich verjüngt, sollte es dicht abschließen, wenn Sie es mit dem geschnittenen Ende zuerst in das Loch stecken. Etwa 40 mm des nicht geschnittenen Endes sollten dann an einer Seite der Scheibe überstehen. Vergrößern Sie andernfalls das Loch etwas **(ABBILDUNG 4)**.

Abbildung 5

Abbildung 6

Abbildung 7

SCHRITT 5: Schneiden Sie mittig in Teil R ein Loch, das eng um ein Kupplungsstück für den Staubsaugerschlauch passt. Arbeiten Sie sorgfältig, damit das Loch nicht zu groß oder unrund wird. Die Passung muss dicht sein, wenn Sie den Staubsaugerschlauch einstecken. Falls Sie von der Kante des Teils her einschneiden, sollten Sie dies auf der längeren Seite tun (**ABBILDUNG 5**).

SCHRITT 6: Stecken Sie die Scheibe I provisorisch in das Ende des PVC-Zylinders. Messen Sie die Entfernung von der Außenseite des Staubsaugerrohrs bis zur Außenseite des PVCs (**ABBILDUNG 6**). Übertragen Sie dieses Maß auf ein Ende des Bauteils N. Ziehen Sie eine Linie von der gegenüberliegenden Ecke bis zu diesem Punkt, sodass Sie eine Verjüngung in Längsrichtung erhalten. Wiederholen Sie den Vorgang mit Bauteil O.

SCHRITT 7: Befestigen Sie Teil R an den breiteren Enden von N und O. Sie werden feststellen, dass der Zugangsschnitt, den Sie vielleicht von der Außenkante her angelegt haben, um das Loch zu schneiden, am Ende des Seitenstücks liegt, wodurch es leichter abzudichten ist (**ABBILDUNG 7**).

SCHRITT 8: Stellen Sie den Einlassstutzen fertig, indem Sie die Teile P und Q anbringen. Zwischen dem Ende von Teil Q und der Kante von Teil O wird sich eine offene Fuge zeigen, die Sie jedoch später abdichten können (**ABBILDUNG 8**).

SCHRITT 9: Stellen Sie den Zylinder auf die Werkbank, wie in **ABBILDUNGEN 9 UND 10** zu sehen. Legen Sie den zusammengebauten Einlassstutzen an das Ende des PVC-Rohrs, sodass das dünnere Ende an dessen unterer Kante anliegt. Markieren Sie die beiden Punkte am Rand des Rohrs, auf die der Bleistift weist.

Abbildung 8

Abbildung 9

Abbildung 10

Abbildung 11

Abbildung 12

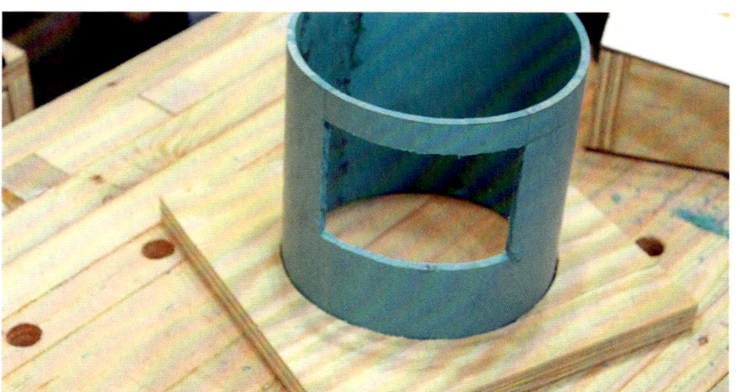
Abbildung 13

Abbildung 14

SCHRITT 10: Stellen Sie einen Kombiwinkel auf 95 mm ein. Reißen Sie damit eine Linie von jedem der beiden Punkte an der Außenseite des Zylinders nach unten, und verbinden Sie die beiden Linien dann am unteren Ende. Stellen Sie den Kombiwinkel auf 20 mm ein, und ziehen Sie auf die gleiche Weise eine Linie parallel zum Rand des Zylinders, um ein Rechteck zu erhalten **(ABBILDUNG 11 UND 12)**.

Genaue Kreisgrößen

Bei diesem Werkstück gibt es einige Löcher und eine Scheibe, bei denen die richtige Größe wichtig ist. Eine Spindelschleifmaschine oder eine Schleiftrommel an der Ständerbohrmaschine erleichtern die Arbeit sehr. Schneiden Sie die Löcher etwas zu klein, indem Sie auf der Innenseite des Bleistiftrisses sägen, und schleifen Sie dann unter wiederholten Kontrollen bis zum Riss. Gehen Sie bei den Scheiben umgekehrt vor. Besonders bei Schritt 3 ist eine gute Passung sehr wichtig. Bei anderen Teilen können Sie kleine Abweichung durch Abdichten ausgleichen. Bei Schritt 3 ist aber eine Presspassung erforderlich.

Abbildung 15

SCHRITT 11: Schneiden Sie das Rechteck aus. Am leichtesten ist das mit dem oszillierenden Sägeblatt eines Multifunktionswerkzeug. Als Notlösung können Sie auch ein kleines Loch in die Mitte des Rechtecks bohren, um ein Stichsägeblatt einzuführen und dann zu sägen. **(ABBILDUNG 13)**.

SCHRITT 12: Befestigen Sie die Scheibe mit dem Auslassrohr mit Schrauben im Zylinder **(ABBILDUNG 14)**.

SCHRITT 13: Schieben Sie die Einlasseinheit in die zuvor geschnittene Öffnung, sodass es im Inneren an das Auslassrohr stößt. Befestigen Sie den Einlass mit Schrauben, die Sie von oben durch die Scheibe drehen **(ABBILDUNG 15)**.

Abbildung 16

Abbildung 17

Abbildung 18

Abbildung 19

Abbildung 20

SCHRITT 14: Sie sollten noch zwei 230 x 230-mm-Sperrholzquadrate von Ihrer Materialliste haben. Markieren Sie genau in der Mitte jeweils ein Loch, das dem Innendurchmesser des PVC-Rohrs (oder des Verlängerungsstücks, falls Sie eines verwenden) entspricht (**ABBILDUNG 16**).

SCHRITT 15: Neigen Sie den Arbeitstisch Ihrer Bandsäge auf 11°. (Falls Sie keine Bandsäge besitzen, können Sie eine Stichsäge verwenden. Dann müssen Sie aber sehr sorgfältig arbeiten, weil Stichsägen nicht so präzise schneiden und es schwierig sein kann, einen bestimmten Schnittwinkel beizubehalten. Ich würde vorschlagen, Sie bauen sich entweder unsere stationäre Stichsäge oder unsere Bandsäge.) Schneiden Sie sorgfältig einen der Kreise aus. Die Sägefuge sollte innerhalb des Risses liegen, und die Fase zum Kreismittelpunkt nach unten abfallen. Der Verschnitt kann entsorgt werden, das Quadrat ist das Bauteil L.

SCHRITT 16: Wiederholen Sie den Vorgang mit dem anderen Sperrholzquadrat. Allerdings liegt die Sägefuge diesmal außerhalb des Risses. Der runde Verschnitt wird als Schablone aufgehoben. Der Arbeitsgang muss zweimal ausgeführt werden, weil sich der Durchmesser der Teile ändern würde, wenn man die Scheibe und das Quadrat aus einem Stück schneiden würde.

SCHRITT 17: Sie benötigen ein Blatt Papier, das ungefähr 400 x 500 mm misst. Sie können auch mehrere Einzelbögen zusammenkleben. Kleben Sie einen Streifen doppelseitiges Klebeband um den Rand der angefasten Scheibe, die Sie im letzten Schnitt zugeschnitten haben. Stellen Sie die Scheibe an einer Ecke auf das Papier, und rollen Sie sie vorsichtig über den Bogen, sodass sich das Papier um die Scheibe wickelt, während der Winkel der Fase beibehalten wird. Es kann sein, dass es Ihnen erst nach mehreren Versuchen gelingt, aber üben Sie sich in Geduld. Das Ziel ist ein Kegel, der nicht zu einer Seite schief steht (**ABBILDUNGEN 17-19**).

Abbildung 21

Abbildung 22

Abbildung 23

Abbildung 24

SCHRITT 18: Vergewissern Sie sich, dass der Kegel gerade ist und die Neigung dem Winkel der Fase am Rand der Scheibe entspricht, und kleben Sie den langen Rand zu. Schneiden Sie dann mit einem sehr scharfen Cuttermesser den Verschnitt am oberen Ende ab **(ABBILDUNGEN 19 UND 20)**.

SCHRITT 19: Reißen Sie mit einem Maßband einen Punkt in 250 mm Entfernung von der Scheibe auf dem Papierkegel an. Wiederholen Sie diese Markierung so oft wie möglich entlang des Kegelmantels, und schneiden Sie dann mit dem Cuttermesser entlang der Verbindungslinie, um einen Kegelstumpf der richtigen Länge zu erhalten **(ABBILDUNGEN 21 UND 22)**.

SCHRITT 20: Schneiden Sie den Kegelstumpf mit einer Schere auseinander, sodass Sie das Papier flach auf die Werkbank legen können **(ABBILDUNG 23)**.

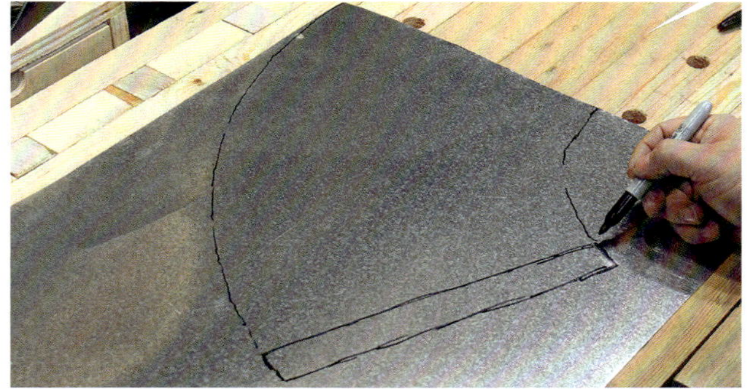
Abbildung 25

SCHRITT 21: Legen Sie diese Papierschablone auf das Metallblech. Übertragen Sie den Umriss mit einem Permanentmarker **(ABBILDUNG 24)**.

SCHRITT 22: Fügen Sie an einer Seite einen 25 mm breiten Streifen hinzu **(ABBILDUNG 25)**.

SCHRITT 23: SchneidenSie das Blech entlang der Linien. Rollen Sie dann das Blech mit den Fingern zusammen. Versuchen Sie nicht, es gleich zu einem Kegelstumpf aufzurollen. Lassen Sie sich Zeit, und biegen Sie es nur Stück um Stück, damit Sie es nicht knicken, vor allem an der Spitze **(ABBILDUNG 26)**.

SCHRITT 24: Wenn das Metall sich zu runden beginnt, stecken Sie es durch das Loch im Bauteil L. Stecken Sie zuerst das spitze Ende hinein, und schieben Sie dann das Sperrholz in Richtung des breiteren Endes, während Sie das Blech weiterhin mit den Händen zurechtbiegen. Lassen Sie sich Zeit, und denken Sie daran, dass die beiden Kanten sich um 25 mm überlappen müssen, um die endgültige Form zu erreichen **(ABBILDUNG 27)**.

SCHRITT 25: Es kann hilfreich sein, wenn Sie die Scheibe zur Hand nehmen, die Sie aus der Mitte des Bauteils L geschnitten haben, und ein Loch hinein schneiden. Das können Sie dann über die Spitze des Kegelstumpfs schieben, um beim Formen zu helfen. Wenn Sie diese Scheibe auf dem Kegelstumpf nach unten schieben, wird er enger zusammengerollt und kann während des Vorgangs nicht wieder aufgehen **(ABBILDUNG 28)**.

Abbildung 26

Abbildung 27

Abbildung 28

SCHRITT 26: Beachten Sie die Richtung der Überlappung in **ABBILDUNG 30**, sie ist wichtig, um den richtigen Luftstrom zu gewährleisten. Wenn der Kegelstumpf die gewünschte Form hat, wird er am oberen Ende mit Klebeband gesichert. Befestigen Sie Bauteil L mit kurzen Drahtstiften per Hand oder mit dem Druckluftnagler am oberen Ende (**ABBILDUNG 29**).

SCHRITT 27: Fügen Sie die Längskante mit Blindnieten zusammen (**ABBILDUNG 30**).

SCHRITT 28: Bauen Sie die beiden Teile des Fliehkraftabscheiders mit Schrauben zusammen, die Sie wie in **ABBILDUNG 31** zu sehen durch das Sperrholz drehen.

SCHRITT 29: Dichten Sie alle Fugen ab, einschließlich jener um den Einlass, das Auslassrohr und zwischen den Sperrholzplatten – überall, wo die beiden Teile aufeinander treffen.

Abbildung 29

Abbildung 30

Abbildung 31

Teil Zwei: Modifikationen am Werkstattstaubsauger

Abbildung 32

Abbildung 33

Abbildung 34

Abbildung 35

Sie können den Abscheider auf einer 20-l-Tonne mit Deckel anbringen, die Sie mit Laufrollen versehen und neben Ihrem Werkstattstaubsauger her schieben. Falls es Ihnen jedoch nichts ausmacht, Ihren Werkstattstaubsauger mit einigen nicht rückgängig zu machenden Modifikationen zu versehen, können Sie den Abscheider noch verbessern und eine kompaktere Einheit bauen, die mehr Staub aufnimmt als eine kleine Tonne.

SCHRITT 30: Jedes Staubsaugermodell ist anders konstruiert. Sie müssen Ihr Modell also untersuchen, um festzulegen, wie Sie vorgehen müssen. Es geht darum, den Rand mit den Verschlüssen vom Rest des Deckels zu lösen. Das lässt sich vielleicht dadurch erreichen, dass man einfach innen am Rand entlang schneidet (**ABBILDUNG 32 UND 33**). Achten Sie darauf, eine hinreichend breite Lippe stehen zu lassen, um, wie in **ABBILDUNG 34** gezeigt, eine Sperrholzscheibe anzubringen.

Abbildung 36

SCHRITT 31: Wenn Sie den Rand entfernt haben, schneiden Sie aus 20-mm-Sperrholz eine passende Scheibe zu. Der Rand wird daran befestigt, indem man Schrauben durch die Nut dreht, die den Oberrand des Staubbehälters aufnimmt. Die Schraubenköpfe müssen eventuell versenkt werden, damit der Rand dicht auf den Staubbehälter passt, wenn Sie ihn wieder anbringen. Die Sperrholzscheibe darf den Verschlüssen nicht im Weg sein, und die Verschlüsse dürfen wiederum nicht über die Oberfläche des Sperrholzes ragen, damit sie nicht an den oberen Kasten stoßen, wenn dieser zusammengebaut und angebracht ist. Unter Umständen muss deshalb etwas Material von den Verschlüssen selbst abgenommen werden. Dichten Sie die Fugen ab **(ABBILDUNG 34)**.

SCHRITT 32: Bevor Sie die Teile A-D der Materialliste auf Maß schneiden, messen Sie die Entfernung aus, um die Ihr Filter aus dem Oberteil des Staubsaugers herausragt. Der Kasten, den Sie bauen, muss tief genug sein **(ABBILDUNG 35)**.

SCHRITT 33: Stellen Sie die Platte F auf ihre Kante und den Abscheider daneben **(ABBILDUNG 36)**. Das Unterteil des Abscheiders sollte etwa 100 mm von der Kante der Sperrholzscheibe entfernt sein. Übertragen Sie den Umriss mit einem Bleistift.

SCHRITT 34: Schneiden Sie mit einer Lochsäge an der Markierung eine Öffnung, die etwa 12 mm größer ist als das schmale Ende des Kegelstumpfes **(ABBILDUNG 37)**.

SCHRITT 35: Stecken Sie das schmale Ende des Kegelstumpfes in das Loch, und bringen Sie die Platte F mit Schrauben am Abscheider an, die Sie durch die Platte in die Sperrholzplatte des Abscheiders drehen. Stellen Sie vorher sicher, dass der Fliehkraftabscheider und die Platte senkrecht stehen. Sie können die zusammengeschraubten Teile dann von der Sperrholzscheibe abnehmen und beiseite stellen **(ABBILDUNG 38)**.

SCHRITT 36: Schneiden Sie ein Loch in die Mitte der Platte E, das groß genug ist, um das Innenteil des Motorgehäuses hindurch zu lassen, aber so klein, dass der Deckel des Staubsaugers auf der Platte aufliegt **(ABBILDUNG 39)**.

SCHRITT 37: Bauen Sie aus den Platten A-E ein Gehäuse. Verwenden Sie nur Schrauben, keinen Leim **(ABBILDUNG 39)**.

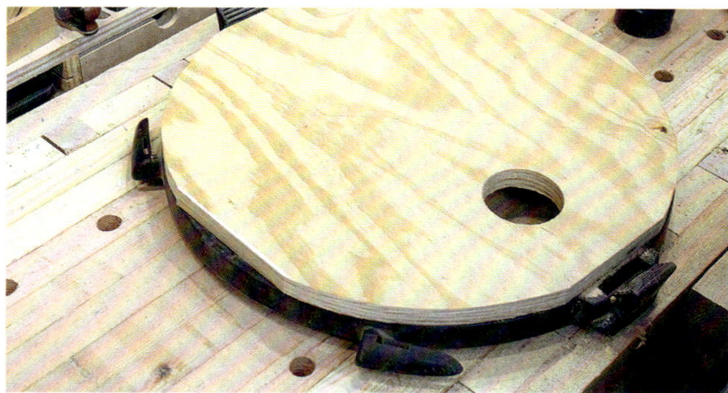

Abbildung 37

Abbildung 38

Abbildung 39

SCHRITT 38: Stecken Sie das Oberteil des Staubsaugers in das Loch, und befestigen Sie es mit langen Schrauben, die sie in das Gehäuse drehen **(ABBILDUNG 40)**.

SCHRITT 39: Dichten Sie die Fugen am Staubsaugeroberteil ab **(ABBILDUNG 41)**.

SCHRITT 40: Stellen Sie den Fliehkraftabscheider wieder neben den Staubsauger, und befestigen Sie die Platte F an der Sperrholzscheibe. Stellen Sie das Gehäuse auf die Sperrholzscheibe, und befestigen Sie es mit Schrauben an der Platte F. Drehen Sie auch Schrauben von unten durch die Scheibe bis in die Unterkanten des Gehäuses **(ABBILDUNG 42)**.

Abbildung 40

Abbildung 41

Abbildung 42

Fehlersuche

Falls der Anbau bei Ihrem Werkstattsauger die Leistung zu verringern scheint, gibt es einige Dinge, die Sie kontrollieren sollten:

- Sind alle Fugen abgedichtet? Sie können auch zusätzlich Isolierband zwischen der Platte, die den Motor trägt, und dem Gehäuse anbringen.
- Ist der Schlauch vielleicht zu lang? Das vergrößert den Luftwiderstand unnötig. Der Schlauch zwischen dem Gehäuse und dem Abscheider sollte so kurz wie möglich sein und doch noch eine knickfreie Biegung erlauben. Die Schlauchverbindung zur Maschine oder zum Staubsaugerrohr sollte nicht länger als 2 Meter sein.
- Ist der Filter verstopft? Falls feiner Staub immer noch zu Problemen führt, können Sie eventuell einen Staubsaugerbeutel über Ihrem Hauptfilter anbringen.
- Macht der Anbau den Werkstattsauger kopflastig? Falls der Sauger zum Umkippen neigt, ist es vielleicht besser, eine breitere Grundplatte aus Sperrholz anzubringen.

Auf stumpynubs.com/homemadetools.html finden Sie ein Video über den Bau und die Verwendung des Fliehkraftabscheiders.

SCHRITT 41: Bringen Sie die gesamte Baugruppe auf dem Staubbehälter des Staubsaugers an. Schneiden Sie ein Loch in den Deckel des Gehäuses, um das Ende des Staubsaugerschlauchs aufzunehmen. Gehen Sie dabei wie in Schritt 5 beschrieben vor (**ABBILDUNG 43**).

SCHRITT 42: Dichten Sie alle Fugen des Gehäuses bis auf jene an der Platte E ab, die das Oberteil des Staubsaugers hält. Diese Platte muss abnehmbar sein, um den Filter erreichen zu können. Vergessen Sie nicht, auch die Fuge um das Ende des Kegelstumpfs abzudichten (**ABBILDUNG 44**).

SCHRITT 43: Verbinden Sie das Gehäuse und den Fliehkraftabscheider mit einem kurzen Stück Staubsaugerschlauch (**ABBILDUNG 45**).

Abbildung 43

Abbildung 44

Abbildung 45

Ablängschlitten Modell „Super“

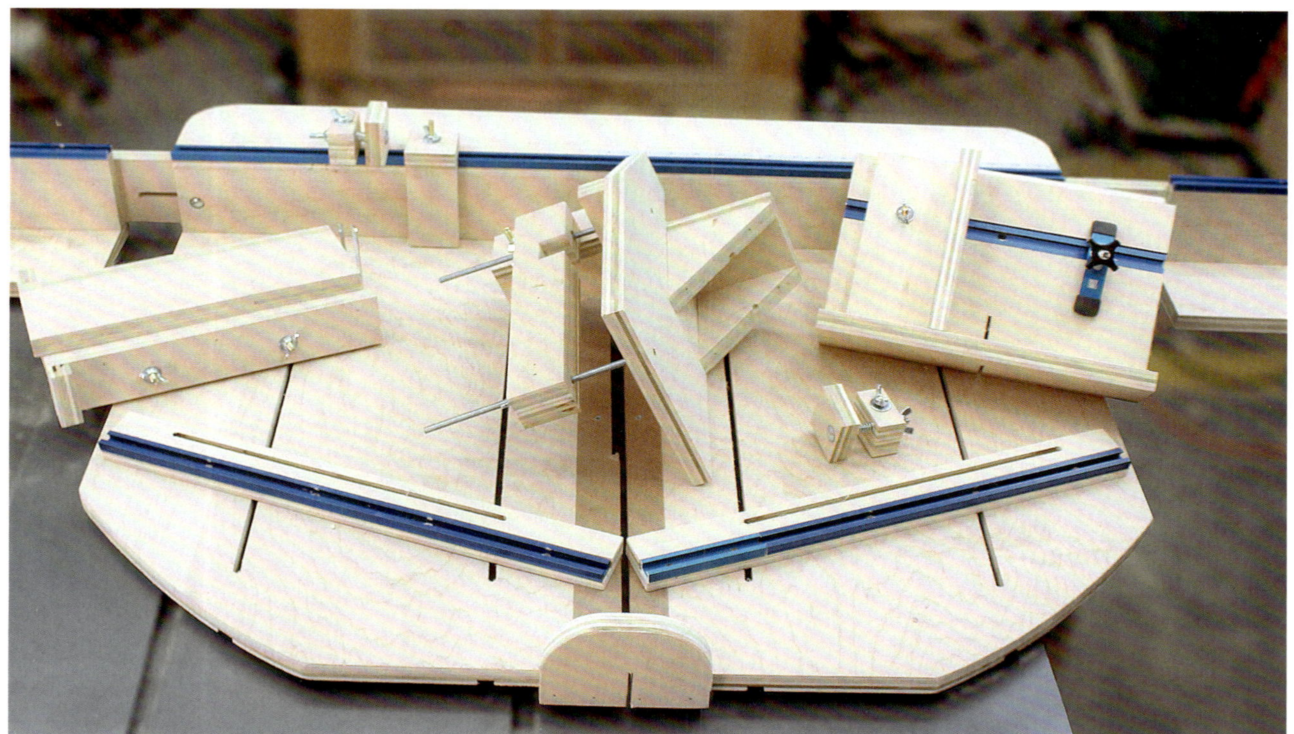

Mit diesem Ablängschlitten gelingen mühelos hochpräzise Schnitte quer zur Faser und viele Holzverbindungen.

7

Ich habe einmal für ein Kind ein Holzspielzeug gebastelt. Es war ein einfacher kleiner Lastwagen, den ich mit der Bandsäge zugeschnitten und dann mit Rädern versehen hatte. Kein großes Ding, oder? Aber das Kind hat zu mir aufgeschaut und etwas gesagt, dass mich sehr verlegen machte. Es sagte: „Stumpy, du bist mein Held." Konnte ich so ein Kompliment für einen Holzklotz annehmen, der wie ein Lastwagen aussah? Nicht in meiner Werkstatt! Ich hab mich zu ihm hinabgebeugt und gesagt: „Ich bin kein Held, Kleiner. Die echten Helden sind die Leute, die jeden Tag zur Arbeit gehen. Vielleicht schreiben sie Geschichten für eine kleine Tageszeitung. Dann verschwinden sie in einer Telefonzelle und ziehen einen hautengen, bunten Anzug an, damit sie nach Feierabend für Frieden, Gerechtigkeit und den American Way of Life kämpfen können." (Sie haben doch nicht etwa wirklich gedacht, ich würde mir die Gelegenheit entgehen lassen, im Kapitel über den „Super-Ablängschlitten" einen Witz über Superhelden zu machen, oder?)

Sie kennen das Konzept des Ablängschlittens; vielleicht wundern Sie sich, was an diesem so „super" sein soll. Ich fasse es einfach zusammen. An diesem Schlitten ist einfach alles dran. Mit ihm kann man nicht nur Ablängschnitte ausführen, er ist eine komplette Maschine zum Schneiden von Verbindungen. Man kann damit Zapfen, Einhälsungen, Überlappungen, Fingerzinken, Gehrungen, Fasen, Gehrungen und Fasen mit losen Federn und vieles andere mehr anfertigen. Und das mit einer Genauigkeit, die von keinem der verfügbaren Ablängschlitten übertroffen wird.

Fangen wir mit den eigentlichen Schlitten an. Ich habe am Anschlag eine T-Nutschiene angebracht, in der sich ein verschiebbarer Stoppklotz anbringen lässt, um Schnittwiederholungen zu ermöglichen. Falls die Schnittlänge größer ist als die Länge des Anschlags, schiebt man einfach eine der beiden Verlängerungen aus. Sie stützen zudem das Werkstück. Falls Sie den Schnitt sehr genau einstellen möchten, können Sie einen der Feineinsteller verwenden. Die Schnittflächen werden sauberer, weil der Schlitten über auswechselbare Einsätze für die Grundplatte verfügt, die dicht am Sägeblatt anliegen. Es gibt auch Schlitze, in denen verstellbare Gehrungsanschläge und Niederhalter angebracht werden können, um genauer und sicherer arbeiten zu können. Dann gibt es noch eine Vorrichtung zum Zapfenschneiden, mit der man ein Werkstück halten kann, während man im Hirnholz verschiedene Schnitte ausführt. Sie lässt sich direkt am Anschlag des Schlittens befestigen, ist mit einem Niederhalter versehen, um das Werkstück zu sichern, und kann beliebig verstellt werden. Mit einer weiteren Vorrichtung kann man Kästen oder Rahmen im Winkel von 45° halten, während man Schlitze für lose eingelegte Federn schneidet – ein dekoratives Element, das die Verbindung auch verstärkt. Und schließlich gibt es eine Vorrichtung zum Schneiden von Fingerzinken, mit der man fast jede denkbare Anordnung der Zinken schneiden kann. Alle diese Vorrichtungen nutzen auch die Vorzüge der Feineinsteller.

Kein Werkzeug für den schnellen, alltäglichen Ablängschnitt. Ein echtes Arbeitspferd. Und wenn Sie erst einmal Ihr eigenes Exemplar gebaut haben, werden Sie sich fragen, wie Sie jemals ohne ausgekommen sind. Vielleicht ernennen Sie den Ablängschlitten sogar zum „Superhelden" Ihrer Werkstatt. (Aber dann müssen Sie mir jedes Mal zehn Cent als Lizenzgebühr schicken. So funktioniert das wohl, glaube ich...)

Ablängschlitten

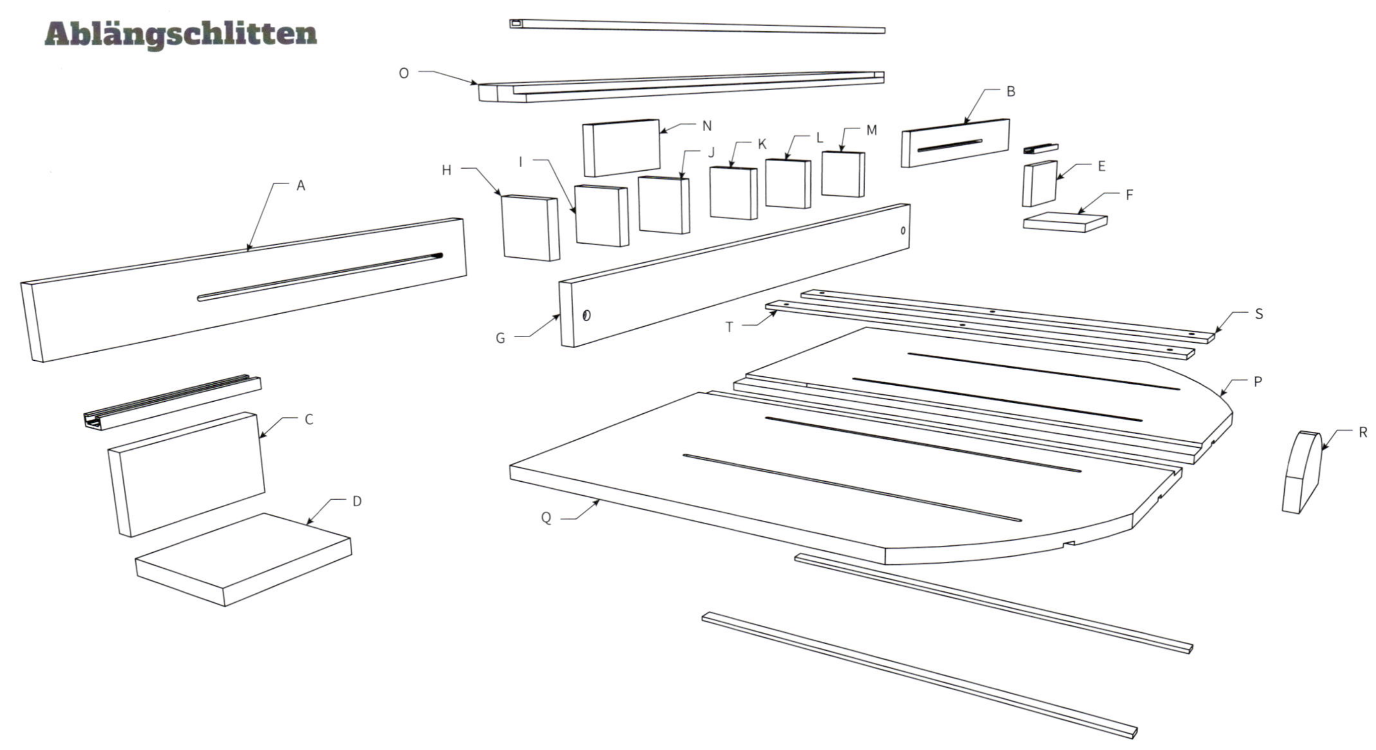

Material (nur Ablängschlitten)

Anzahl	Bauteil	Bezeichnung	Maße	Material
2	Anschlagverlängerungen	A & B	80 x 575 mm	20-mm-Sperrholz
2	Abstandshalter für Verlängerungen	C & E	150 x 90 mm	20-mm-Sperrholz
2	Stützen für Verlängerungen	D & F	150 x 140 mm	20-mm-Sperrholz
1	Anschlag	G	75 x 900 mm	20-mm-Sperrholz
6	Stützklötze	H-M	80 x 75 mm	20-mm-Sperrholz
1	Mittlerer Stützklotz	N	80 x 160 mm	20-mm-Sperrholz
1	Anschlagoberteil	O	110 x 900 mm	20-mm-Sperrholz
2	Schlittenplatten	P & Q	450 x 725 mm	20-mm-Sperrholz
1	Verbindungsstück	R	80 x 125 mm	20-mm-Sperrholz
2	Gehrungsanschläge		50 x 450 mm	20-mm-Sperrholz
10	Arbeitstischeinsätze	S & T	40 x 600 mm	6-mm-MDF

Beschläge und Hilfsmittel

Anzahl	Beschlag
	Führungen für Gehrungs-anschlagnuten*
	1200 mm T-Nutschiene
2	6 x 60 mm Schlossschrauben
4	6 x 50 mm T-Nutschrauben
10	6-mm-Flügelschrauben und Unterlegscheiben

* Können auch selbst angefertigt werden.

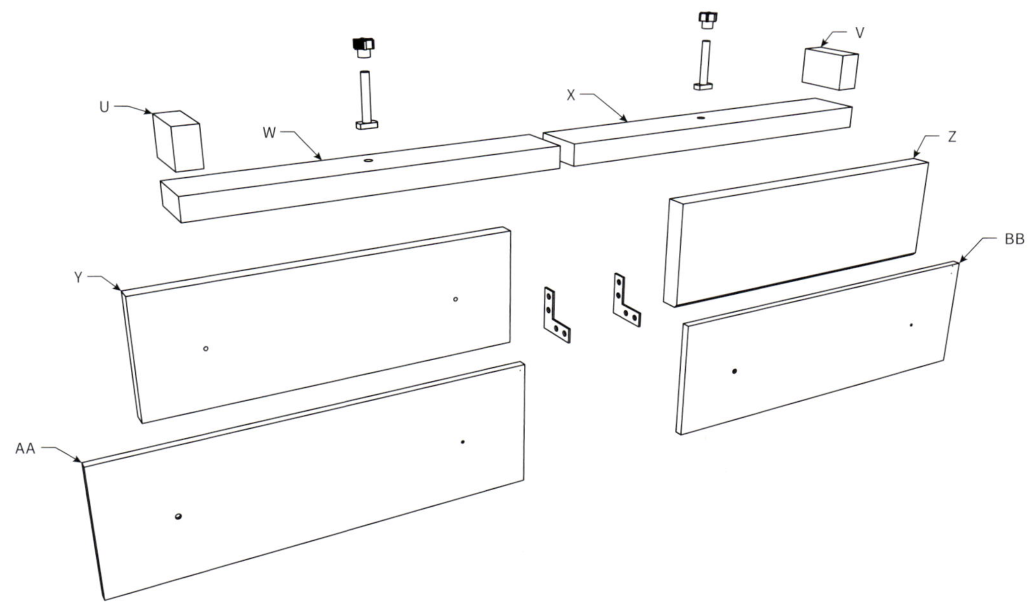

Material (Fingerzinkenschneider)

Anzahl	Bauteil	Bezeichnung	Maße	Material
2	Einstellklötze	U & V	45 x 40 mm	20-mm-Sperrholz
2	Anschlagoberteile	W & X	45 x 300 mm	20-mm-Sperrholz
2	Anschlagplatten	Y & Z	95 x 300 mm	20-mm-Sperrholz
10	Verschleißplatten	AA & BB	100 x 300 mm	6-mm-MDF

Beschläge und Hilfsmittel

	300 mm T-Nutschiene
1	6 x 40 mm T-Nutschrauben
1	6-mm-Flügelschraube und Unterlegscheibe

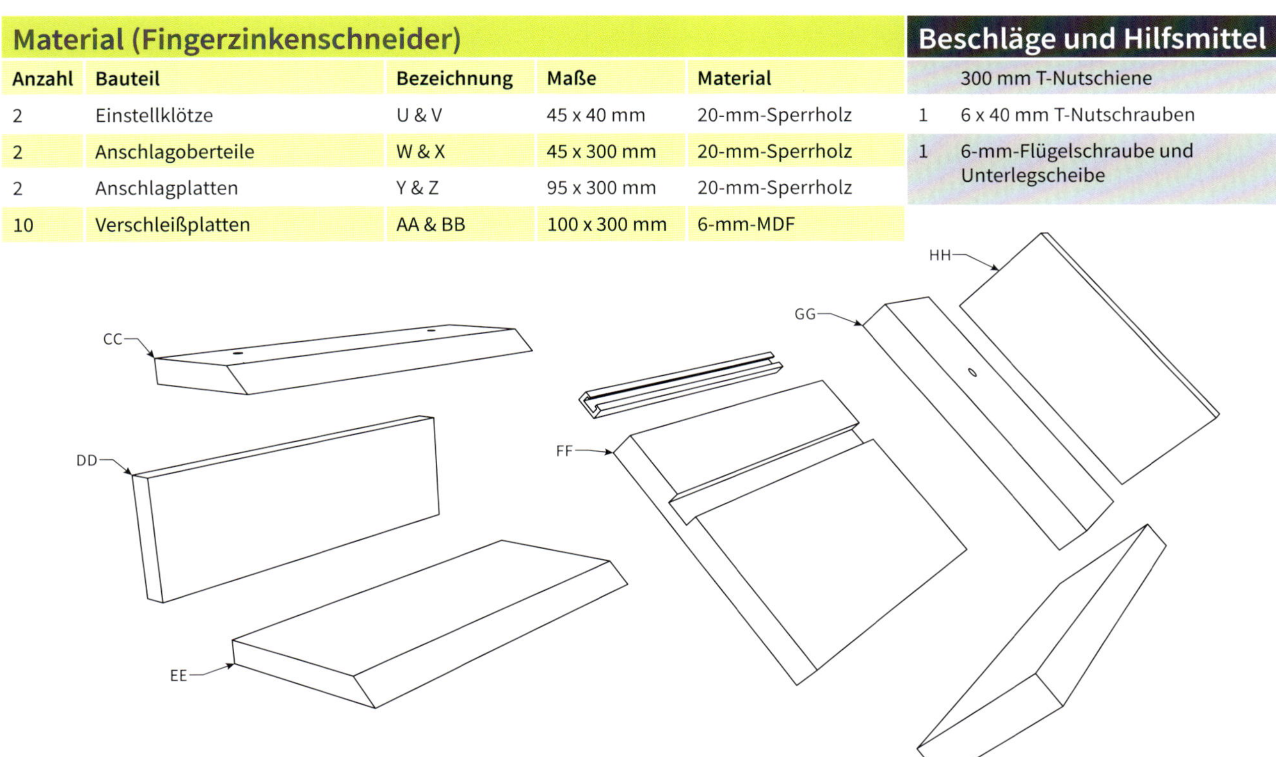

Material (Schlitzschneider für lose Federn)

Anzahl	Bauteil	Bezeichnung	Maße	Material
1	Deckel Rückseite	CC	300 x 95 mm	20-mm-Sperrholz
1	Rückseite	DD	300 x 95 mm	20-mm-Sperrholz
1	Boden	EE	300 x 145 mm	20-mm-Sperrholz
1	Kastenauflage	FF	300 x 195 mm	20-mm-Sperrholz
1	Anschlagsgrundplatte	GG	75 x 170 mm	20-mm-Sperrholz
1	Anschlag	HH	75 x 170 mm	20-mm-Sperrholz
1	Grundplatte Kastenauflage	II	300 x 75 mm	20-mm-Sperrholz

Beschläge und Hilfsmittel

2	Winkelbeschläge, 20 mm breit, 75 x 75 mm*
4	6 x 60 mm T-Nutschrauben
4	6-mm-Flügelschrauben und Unterlegscheiben

* oder andere verfügbare Größe

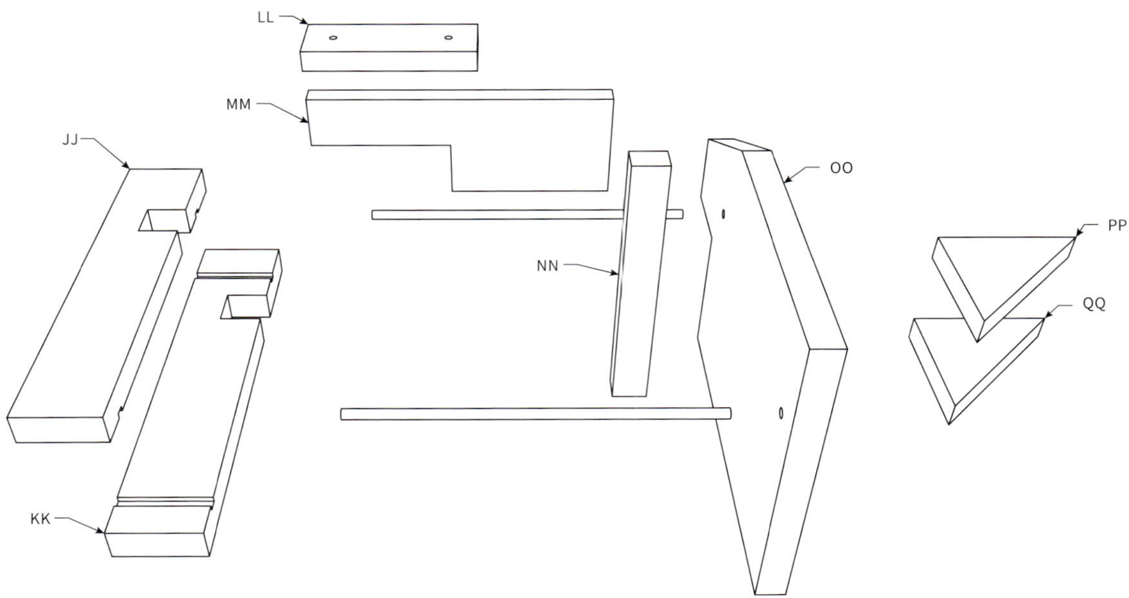

Material (Zapfenschneider)				
Anzahl	**Bauteil**	**Bezeichnung**	**Maße**	**Material**
2	Anspannklötze	JJ & KK	260 x 50 mm	20-mm-Sperrholz
1	Oberteil Anschlagkonsole	LL	150 x 55 mm	20-mm-Sperrholz
1	Anschlagkonsole	MM	275 x 95 mm	20-mm-Sperrholz
1	Ausrichtanschlag	NN	25 x 200 mm	20-mm-Sperrholz
1	Hauptplatte	OO	305 x 200 mm	20-mm-Sperrholz
1	Plattenstützen	PP & QQ	100 x 100 mm	20-mm-Sperrholz

Beschläge und Hilfsmittel	
2	6-mm-Gewindespindel, 200 mm lang
2	6-mm-Muttern
2	6-mm-Flügelschrauben und Unterlegscheiben

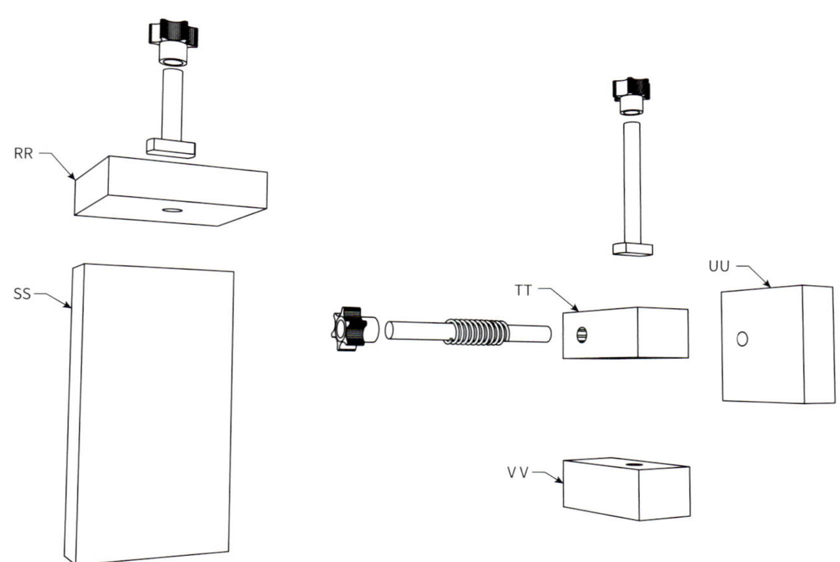

Material (Stoppklötze und Feineinsteller)				
Anzahl	**Bauteil**	**Bezeichnung**	**Maße**	**Material**
2	Obere Klötze	RR	50 x 50 mm	20-mm-Sperrholz
2	Anschlagkonsolen	SS	50 x 98 mm	20-mm-Sperrholz
2	Obere Einstellklötze	TT	25 x 48 mm	20-mm-Sperrholz
2	Haupteinstellklötze	UU	25 x 48 mm	20-mm-Sperrholz
2	Untere Einstellklötze	VV	50 x 48 mm	20-mm-Sperrholz

Beschläge und Hilfsmittel	
2	6 x 40 mm T-Nutschrauben
2	6 x 60 mm T-Nutschrauben
6	6-mm-Flügelschrauben und Unterlegscheiben
2	6 x 75 mm Schlossschrauben
2	Steife Schraubenfedern, Innendurchmesser 10 mm, 25 mm lang
	6-mm-Laubholzdübel

Teil Eins: Der Schlitten

SCHRITT 1: Die Platten Q und P müssen mit Nuten versehen werden, die man am Handoberfräsentisch oder mit der Tischkreissäge und einem 12-mm-Nutsägeblatt schneiden kann. Stellen Sie die Schnitttiefe auf 6 mm ein und den Anschlag 95 mm vom Schnitt entfernt. Schneiden Sie die Nuten an beiden Platten parallel zu einer der Längskanten ein.

Abbildung 1

SCHRITT 2: Verstellen Sie dann den Anschlag auf 145 mm. Schneiden Sie dann an beiden Platten parallel zur gegenüberliegenden Längskante je eine Nut **(ABBILDUNG 1)**.

SCHRITT 3: Drehen Sie die Platte um. Schneiden Sie bei gleicher Schnitttiefe einen 38 mm breiten Falz an der Längskante an, an der Sie die erste Nut eingeschnitten haben (also jene, die 95 mm vom Anschlag entfernt ist) **(ABBILDUNG 2)**. Der Falz muss in mehreren Durchgängen geschnitten werden.

Abbildung 2

SCHRITT 4: Legen Sie die Platten mit den Fälzen nebeneinander wie in **ABBILDUNG 4** zu sehen. Sie müssen jetzt die Schlitze schneiden, die in der Abbildung zu sehen sind. Sie liegen genau in der Mitte der Nuten auf der anderen Plattenseite **(ABBILDUNG 3)** und enden in 150 mm Entfernung von der einen kurzen Plattenkante und 100 mm von der anderen. Die Schlitze werden am Handoberfräsentisch mit einem 6-mm-Nutfräser geschnitten.

Abbildung 3

Abbildung 4

SCHRITT 5: Schneiden Sie mit dem gleichen Fräser einen Schlitz entlang der Mittellinie der Teile A und B. Diese Schlitze reichen bis 150 mm an die eine Kante und 38 mm an die andere **(ABBILDUNG 5)**.

Abbildung 5

SCHRITT 6: Schneiden Sie mit dem Nutsägeblatt oder einem Nutfräser einen Falz an beide Längskanten des Bauteils O, um die T-Nutschiene aufzunehmen **(ABBILDUNG 6)**.

Abbildung 6

Abbildung 7

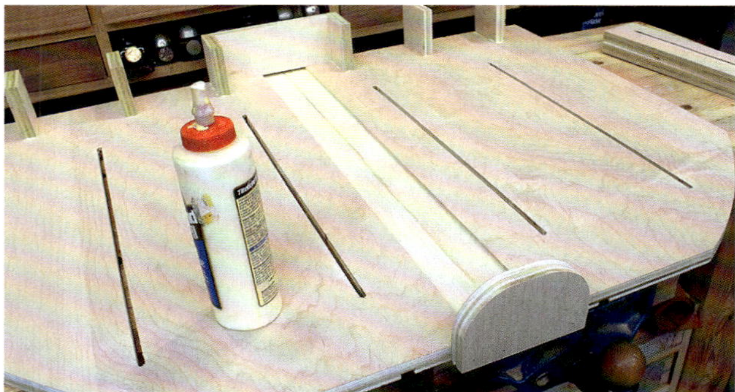
Abbildung 8

Abbildung 9

Abbildung 10

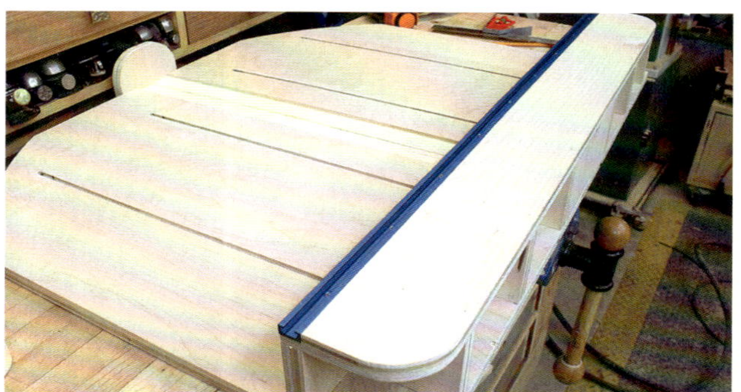
Abbildung 11

Abbildung 12

SCHRITT 7: Falls Sie die Ecken der Grundplatten abrunden möchten, können Sie das jetzt tun wie in Abbildung 4 zu sehen. Vielleicht möchten Sie auch die Ecken von Platte O abrunden, wie in **ABBILDUNG 6** zu sehen.

SCHRITT 8: Legen Sie die beiden großen Platten (P und Q) so nebeneinander wie in **ABBILDUNG 7** zu sehen.

Die Klötze H-M sind alle gleich groß, wir bezeichnen Sie im Folgenden deshalb einfach als „Stützklötze". Fangen Sie an der linken Seite der Platten an, und bringen Sie einen Stützklotz in 70 mm von der Kante an, einen zweiten in 210 mm und einen dritten in 350 mm Entfernung von der Kante. Bringen Sie drei weitere Stützklötze in den gleichen Abständen an der gegenüberliegenden Seite der Platte an. Klotz N sollte in der Mitte angebracht werden **(ABBILDUNG 7)**.

SCHRITT 9: Bringen Sie Teil R mit Leim und Drahtstiften an der gegenüberliegenden Seite der Platten an **(ABBILDUNG 8)**.

SCHRITT 10: Die Anschlagteile G und O können jetzt miteinander verbunden werden wie in **ABBILDUNG 9** zu sehen.

Abbildung 13

Abbildung 14

Abbildung 15

Abbildung 16

SCHRITT 11: Stellen Sie die Teile A und B gegen die Stützklötze wie in **ABBILDUNG 10** zu sehen. Geben Sie keinen Leim an!

SCHRITT 12: Geben Sie Leim an die Oberkante der Stützklötze und an die Unterkante der Anschlagbaueinheit (Teile O und G). Legen Sie die Anschlagbaueinheit auf die Stützklötze, und befestigen Sie sie, indem Sie Drahtstifte durch Teil O in die Kanten der darunter liegenden Stützklötze und Drahtstifte von der Unterseite der großen Platten (P und Q) nach oben in die Kante des Teils G treiben. So wird die Anschlagbaueinheit befestigt, die Verlängerungen (A und B) bleiben aber frei zwischen den Stützklötzen und dem Bauteil G beweglich. Nehmen Sie die Verlängerungen ab, während der Leim trocknet **(ABBILDUNG 11)**.

SCHRITT 13: Bringen Sie zu diesem Zeitpunkt auch gleich die Stützklötze D und F an den Enden der Verlängerungen an. Die Verlängerungen liegen auf den Stützklötzen auf **(ABBILDUNG 12)**.

SCHRITT 14: Bringen Sie einige kurze Stücke T-Nutschienen an den oberen Kanten der Teile C und E an, und befestigen Sie dann diese Bauteile über den Stützklötzen an den Verlängerungen an **(ABBILDUNG 13)**. Schieben Sie die Verlängerungen in die zugehörigen Schlitze.

SCHRITT 15: Ziehen Sie eine Verlängerung so weit wie möglich heraus, bis das Ende noch hinter dem letzten Stützklotz liegt. Bohren Sie mit einem 6-mm-Bohrer in etwa 25 mm Entfernung vom Ende des Anschlags in der Mitte des Schlitzes ein Loch durch den Anschlag **(ABBILDUNG 14)**. Wiederholen Sie den Vorgang an den anderen Verlängerungen.

SCHRITT 16: Durch die Löcher, die Sie gerade in den Anschlag gebohrt haben, werden später Schlossschrauben gesteckt. Sie müssen deshalb mit einem Spatenbohrer das Bohrloch auf der anderen Seite mit einer Sacklochbohrung erweitern, um den Kopf der Schlossschraube aufzunehmen **(ABBILDUNG 15)**.

SCHRITT 17: Bringen Sie die Verlängerungen mit Schlossschrauben, Unterlegscheiben und Flügelmuttern an **(ABBILDUNG 16)**.

Abbildung 17

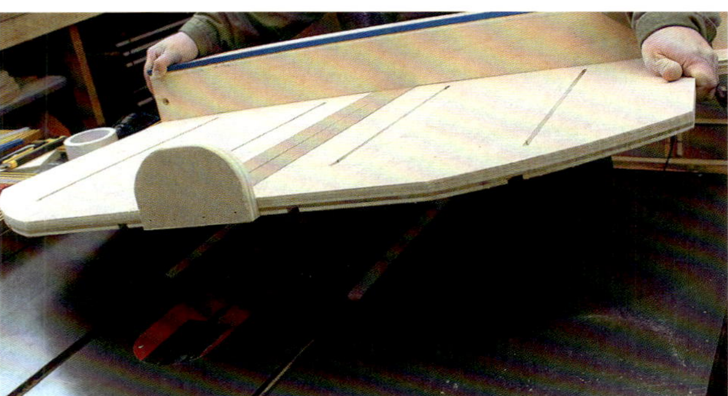

Abbildung 18

SCHRITT 18: Legen Sie alle Einsätze (T und S) für die Grundplatte auf einen Stapel aufeinander. Markieren Sie auf der Mittellinie einen Punkt in jeweils 25 mm Entfernung von den Enden. Bohren Sie an den Markierungen je ein 3-mm-Loch durch den gesamten Stapel. Legen Sie ein Paar der Einsätze in die breiten Nuten im Schlitten (**ABBILDUNG 17**). Verlängern Sie die Führungslöcher in den Enden der Einsätze bis in die darunterliegenden Platten. Befestigen Sie die Einsätze mit Schrauben.

Abbildung 19

SCHRITT 19: Bringen Sie doppelseitiges Klebeband an den Führungen an, und stecken Sie sie in die Nuten Ihrer Tischkreissäge. Eventuell müssen Sie Unterlegscheiben in die Nuten legen, damit die Schienen über die Fläche des Arbeitstischs der Tischkreissäge hinausragen. Legen Sie den Ablängschlitten so auf die Führungen, dass das Sägeblatt genau zwischen den Einsätzen in der Grundplatte eine Fuge schneidet. Verwenden Sie den Parallelanschlag der Tischkreissäge, um den Ablängschlitten genau senkrecht zur Vorderkante der Tischkreissäge zu halten, während Sie ihn auf die Führungen absenken (**ABBILDUNG 18**). Heben Sie den Schlitten vorsichtig von der Säge ab, und befestigen Sie die Führungen mit Schrauben am Schlitten (**ABBILDUNG 19**).

Teil Zwei: Zapfenschneider

SCHRITT 20: Diese Anbauvorrichtung besteht aus sieben Holzteilen (siehe Materialliste). Schneiden Sie zuerst aus dem 100 x 100-mm-Quadrat zwei Dreiecke (PP und QQ) wie in **ABBILDUNG 20** zu sehen.

SCHRITT 21: Legen Sie das Teil OO so auf die Werkbank, dass eine der Längskanten zu Ihnen weist. Schneiden Sie in die untere linke Ecke eine Ausklinkung mit den Maßen 55 x 95 mm (**ABBILDUNG 20**).

SCHRITT 22: Messen Sie von der oberen linken Ecke 105 mm an der Oberkante und 50 mm an der linken Kante entlang. Schneiden Sie die Ecke diagonal ab (**ABBILDUNG 20**).

SCHRITT 23: Messen Sie 65 mm von der oberen Kante nach unten, und reißen Sie in dieser Entfernung eine Linie über die Länge des Teils OO an. Bohren Sie auf diesem Riss jeweils ein 6-mm-Loch in 25 mm von der rechten Kante und eines in 80 mm Entfernung von der linken Kante (**ABBILDUNG 20**).

SCHRITT 24: Legen Sie Teil MM wie in **ABBILDUNG 20** zu sehen auf die Werkbank. Entfernen Sie an der linken un-

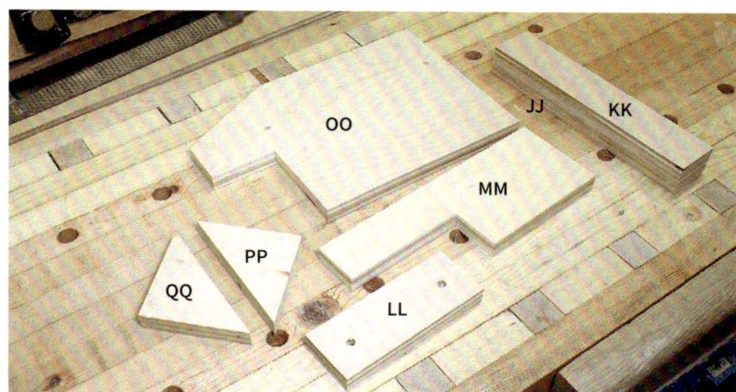

Abbildung 20

Abbildung 22

Abbildung 23

teren Ecke ein Rechteck mit den Maßen 125 x 50 mm wie in der Abbildung zu sehen.

SCHRITT 25: Ermitteln Sie bei Teil LL die Mittellinie in Längsrichtung. Bohren Sie auf dieser Linie jeweils in 25 mm Entfernung von den Kanten ein 8-mm-Loch (**ABBILDUNG 20**).

SCHRITT 26: Leimen Sie die Teile KK und JJ zusammen (**ABBILDUNG 20**).

Abbildung 21

Schneiden Sie eine 25 x 25-mm-Ausklinkung in die Kante dieser verleimten Einheit (die wir als Einspannblock bezeichnen werden). Die Ausklinkung sollte 55 mm von einem der Enden entfernt liegen (**ABBILDUNG 21**).

SCHRITT 27: Bohren Sie an der Ständerbohrmaschine in 28 mm Entfernung von dem der Ausklinkung näher liegenden Ende ein 10-mm-Loch mittig durch den Einspannblock. Bohren Sie ein zweites Loch in 25 mm Entfernung vom anderen Ende (**ABBILDUNG 21**).

SCHRITT 28: Montieren Sie alle Bestandteile außer dem Einspannblock mit Leim und Drahtstiften zusammen wie in den **ABBILDUNGEN 22 UND 23** zu sehen. Kontrollieren Sie alle Teile mit dem Tischlerwinkel auf Rechtwinkligkeit und korrekte Positionierung.

Führungen kaufen oder selbst bauen?

Hochwertige Aluminiumführungen für die Nuten in Ihrer Tischkreissäge gibt es im Zubehörhandel. Sie sind zwar teuer, aber auch sehr präzise. Falls Sie selbst Schienen anfertigen möchten, sollten Sie ein Material wählen, auf das sich die Luftfeuchtigkeit in der Werkstatt nicht auswirkt. Ein altes Schneidbrett aus Kunststoff ist gut geeignet. Schneiden Sie vorsichtig einige Streifen zu, die gerade so breit sind, dass sie sich leichtgängig in den Tischnuten verschieben lassen, ohne sich von Seite zu Seite zu bewegen. Achten Sie darauf, dass das konische Gewinde der Schrauben die Kunststoffschienen nicht auseinanderdrückt und breiter macht, wenn Sie sie befestigen.

Abbildung 24

Abbildung 25

Abbildung 26

SCHRITT 29: Befestigen Sie direkt neben der abgeschnittenen Ecke einen 25 mm breiten Streifen an der Platte OO **(ABBILDUNG 24)**.

SCHRITT 30: Geben Sie etwas Epoxidklebstoff in die Bohrlöcher in der Platte OO. Stecken Sie die beiden Gewindespindeln in die Löcher **(ABBILDUNG 25)**.

Drehen Sie auf der Rückseite der Platte Muttern auf, die Sie ebenfalls mit Klebstoff befestigen.

SCHRITT 31: Schieben Sie den Einspannblock auf die Gewindespindeln **(ABBILDUNG 25)**. Sichern Sie ihn mit Unterlegscheiben und Flügelmuttern.

SCHRITT 32: Die Vorrichtung wird mit jeweils zwei T-Nutmuttern, Flügelmuttern und Unterlegscheiben am Ablängschlitten befestigt **(ABBILDUNG 26)**.

Gratis im Internet

Diese Vorrichtung zum Zapfenschneiden kann für viele verschiedene Verbindungen verwendet werden, neben Zapfen auch bei Überblattungen und Einhälsungen. Also eigentlich immer, wenn man an das Ende eines Werkstücks sicher und genau einen Schnitt ausführen möchte. Hinweise zum Einsatz der Vorrichtung gibt ein Gratis-Video auf unserer Internetseite: stumpynubs.com/homemade-tools.html.

Teil Drei: Fingerzinkenschneider

SCHRITT 33: Diese Anbauvorrichtung besteht aus acht Holzteilen (siehe Materialliste). Befestigen Sie zuerst die Teile U und V an den Teilen W und X wie in den **ABBILDUNGEN 27 UND 28** zu sehen.

SCHRITT 34: Reißen Sie an den Teilen W und X eine Längslinie in 28 mm Entfernung von der späteren Vorderkante an. Denken Sie daran, dass die beiden Einheiten, die in **ABBILDUNG 28** zu sehen sind, sich spiegelbildlich gleichen! Bohren Sie wie gezeigt zwei 8-mm-Löcher in die Risse.

SCHRITT 35: Befestigen Sie die beiden Baueinheiten aus **ABBILDUNG 28** an den Oberkanten der Platten Y und Z wie in **ABBILDUNG 29** zu sehen. Bedenken Sie auch hier, dass es sich um spiegelbildliche Anordnungen handelt.

Abbildung 27

Abbildung 28

Abbildung 29

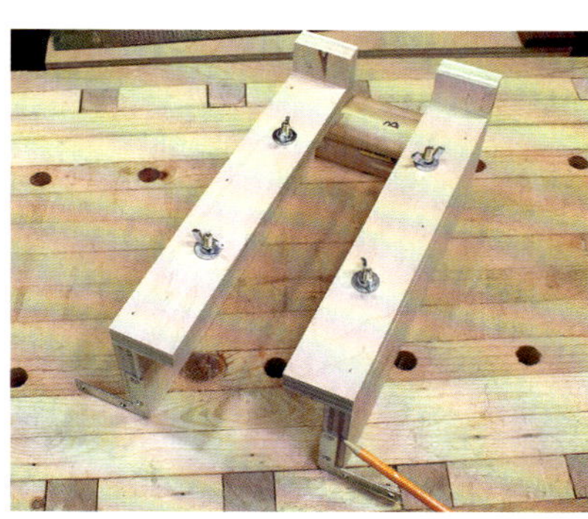
Abbildung 30

SCHRITT 36: Befestigen Sie die Winkelstücke an den Vorderkanten der beiden Baueinheiten **(ABBILDUNG 30)**. Stellen Sie sicher, dass die beiden Winkelstücke senkrecht auf den Platten stehen und sich nicht zur einen oder anderen Seite neigen.

Die Verwendung des Fingerzinkenschneiders

Fingerzinken gehören zu den belastbarsten Verbindungen zweier Bauteile, die rechtwinklig aufeinander treffen. Das Beste an dieser Vorrichtung ist, dass sie sich auf verschieden große Fingerzinken einstellen lässt. Man kann auch die Feineinstellungen verwenden, die wir später herstellen, um die Passung der Verbindung nachzuarbeiten. Hinweise zum Einsatz der Vorrichtung gibt ein Gratis-Video auf unserer Internetseite: stumpynubs.com/homemade-tools.html.

Abbildung 31

SCHRITT 37: Stecken Sie T-Nutmuttern in die Löcher, und befestigen Sie sie mit Unterlegscheiben und Flügelmuttern **(ABBILDUNG 30)**. Die T-Nutmuttern werden in den Anschlag des Ablängschlittens eingeschoben, wenn man die Vorrichtung verwendet **(ABBILDUNG 31)**.

Teil Vier: Schlitzschneider für lose Federn

Abbildung 32

SCHRITT 38: Schneiden Sie eine 45°-Fase an die Kanten der Teile CC und EE (**ABBILDUNG 32**), und befestigen Sie dann Teil DD an Teil EE wie in **ABBILDUNG 33** zu sehen.

SCHRITT 39: Schneiden Sie in 50 mm Entfernung von der Kante der Platte FF eine Nut, die breit und tief genug ist, um Ihre T-Nutschiene aufzunehmen. Befestigen Sie die Kante, die weiter von dieser Nut entfernt ist, mit Leim und Drahtstiften an der Fase am Teil EE (**ABBILDUNG 34**).

Abbildung 33

Abbildung 34

Abbildung 35

Abbildung 36

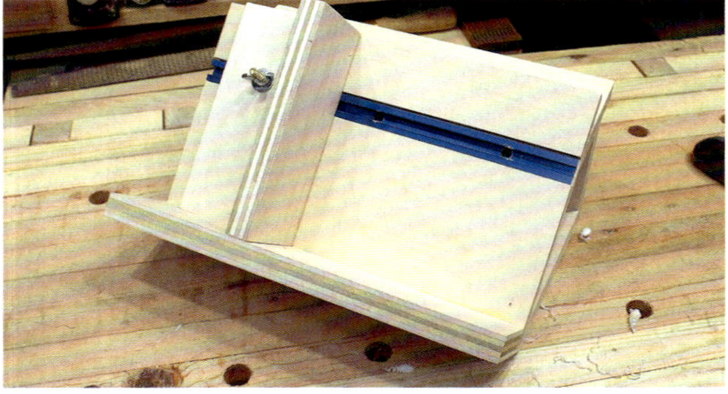
Abbildung 37

SCHRITT 40: Bringen Sie Teil CC hinter Teil FF an wie in **ABBILDUNG 35** zu sehen. Treiben Sie Drahtstifte durch die Nut in die Fase am Teil CC, und befestigen Sie dann ein Stück T-Nutschiene in der Nut.

SCHRITT 41: Bringen Sie Teil II an der unteren Kante von Teil FF an (**ABBILDUNG 36**).

SCHRITT 42: Die Teile GG und HH bilden einen verschiebbaren Anschlag. Bauen Sie sie zusammen wie in **ABBILDUNG 37** zu sehen. Bohren Sie direkt über der T-Nutschiene ein 8-mm-Loch durch Teil GG. Die Unterkante des Anschlags muss Teil II berühren, wenn das Loch und die T-Nutschiene aneinander ausgerichtet sind. Jetzt kann der Anschlag mit einer T-Nutmutter, Flügelschraube und Unterlegscheibe arretiert werden, während der Anschlag rechtwinklig geführt wird.

Teil Fünf: Andere Zubehörteile

SCHRITT 43: Sie benötigen noch zwei Feineinsteller. Sie gleichen sich spiegelbildlich, was Sie im Auge behalten sollten, während Sie die folgenden Schritte ausführen. Stelle Sie zuerst die Teile zusammen (**ABBILDUNG 38**).

SCHRITT 44: Teil UU misst 47 x 50 mm. Messen Sie an einer der Längskanten 28 mm ab, und von dort 12 mm Richtung Mitte. Bohren Sie dort ein 6-mm-Loch (**ABBILDUNG 38**).

SCHRITT 45: Die Teile TT und VV müssen ebenfalls mit 6-mm-Löchern versehen werden. Bohren Sie sie in 17 mm Entfernung mittig zwischen den Längskanten (**ABBILDUNG 38**).

SCHRITT 46: Eines der beiden Teile (TT) benötigt außerdem ein 6-mm-Loch in der Kante. Bohren Sie es 12 mm von dem Ende, das der Bezugskante des letzten Schritts gegenüber liegt (**ABBILDUNG 38**).

SCHRITT 47: Wiederholen Sie alle obigen Schritte, um den zweiten Feineinsteller herzustellen.

SCHRITT 48: Bauen Sie den ersten Feineinsteller zusammen (**ABBILDUNG 39**). Geben Sie etwas Leim zwischen die Klötze TT und VV.

SCHRITT 49: Bohren Sie ein 6-mm-Loch in die Kante des Klotzes UU, sodass es mit dem Kopf der T-Nutmutter fluchtet. Leimen Sie ein kurzes Stück Rundstange in das Bohrloch (wie in **ABBILDUNG 40** zu sehen).

Abbildung 38

Abbildung 39

Abbildung 40

SCHRITT 50: Wiederholen Sie die Schritte 48 und 49, um den zweiten Feineinsteller herzustellen. Drehen Sie die Ausrichtung diesmal allerdings um, indem Sie die Schrauben von der anderen Seite durch die Bauteile stecken (**ABBILDUNG 41**).

Abbildung 41

SCHRITT 51: Diese Feineinsteller werden in die T-Nutschiene in der Oberkante des Anschlags am Schlitten eingeschoben. Die Feder zwingt den Anschlagklotz vom Einstellklotz fort, sodass sich die Stellung der verschiedenen Stoppklötze und Vorrichtungen durch Drehen der Flügelschraube genau verstellen lässt (**ABBILDUNG 42**).

Abbildung 42

SCHRITT 52: Für die Gehrungsanschläge werden zwei Sperrholzstreifen mit den Maßen 50 x 450 mm benötigt. Vielleicht finden sich welche in Ihrer Restekiste. Schneiden Sie an einer Längskante jedes Streifens einen Falz an, der breit und tief genug ist, um eine T-Nutschiene aufzunehmen (**ABBILDUNG 43**).

Abbildung 43

SCHRITT 53: Schneiden Sie am Handoberfräsentisch mit einem 6-mm-Nutfräser einen Schlitz in die Mitte jedes Streifens. Der Schlitz sollte bis auf 75 mm an das eine und bis auf 125 mm an das andere Ende heranreichen. Auch diese beiden Anschläge gleichen sich spiegelbildlich. Ziehen Sie also **ABBILDUNG 43** zu Rate, um die Schlitze zu positionieren.

SCHRITT 54: Die Anschläge werden ebenfalls mit T-Nutmuttern, Flügelschrauben und Unterlegscheiben in den T-Nutschienen der Grundplatte des Ablängschlittens befestigt. Sie können in der T-Nutschiene auch Niederhalter anbringen (**ABBILDUNG 44**).

SCHRITT 55: Ich schlage vor, zwei Stoppklötze anzufertigen, für die meisten Zwecke reicht allerdings einer. Sie bestehen aus nicht mehr als zwei Teilen: RR wird oben an SS angebracht. Durch RR wird dort ein 8-mm-Loch gebohrt, wo später die T-Nutschiene sein wird, wenn der Stoppklotz am Anschlag des Ablängschlittens angebracht wird (**ABBILDUNGEN 45 UND 46**). Der Stoppklotz wird ebenfalls mit eine T-Nutmutter, Flügelschraube und Unterlegscheibe angebracht.

SCHRITT 56: Die Stoppklötze erleichtern das Schneiden von mehreren Schnitten gleichen Maßes ungemein. Sie können auch Feineinsteller verwenden, wenn hohe Präzision erforderlich ist (**ABBILDUNG 46**).

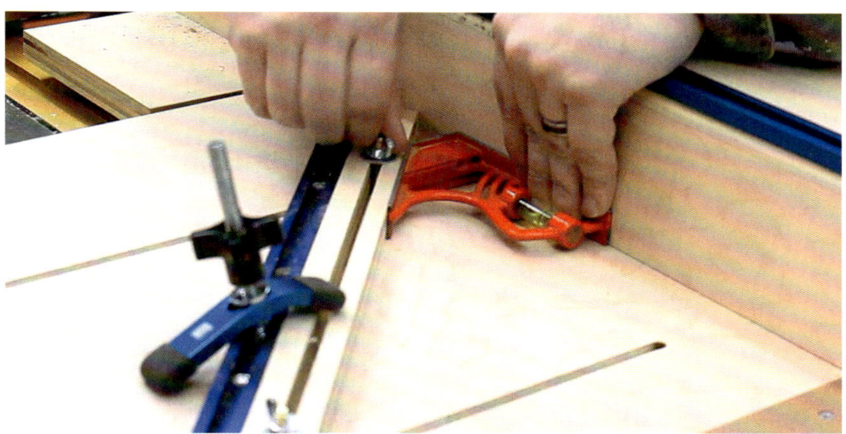

Abbildung 44

Abbildung 45

Abbildung 46

Trommelschleifmaschine mit doppelter Zuführung

Bauteile lassen sich schnell oben auf dem Gehäuse schleifen oder unter der Trommel durchschieben. Bei dieser einzigartigen Konstruktion lässt sich die Schleifkörnung zudem schnell wechseln!

8

In den meisten Werkstätten ist ein moderner Trommelschleifer ein Luxus. Sie sind teuer im Einkauf, teuer in der Verwendung und teuer in der Instandhaltung. Sie sind aber auch eine Lieblingsmaschine der Möbelbauer, weil man mit ihnen eine ganze Tür schleifen kann, während man mit einem (natürlich alkoholfreien) Getränk in der Hand daneben steht und zuschaut. Allemal besser als mit der Hand zu schleifen! Allerdings finde ich, dass diese Maschinen noch verbessert werden könnten. So frage ich mich zum Beispiel, warum die untere Seite der Trommel die ganze Arbeit machen muss, während die obere Seite sich einen faulen Lenz macht? Warum sollte man ein kleines Vermögen für die Schleifpapiertrommeln ausgeben, wenn aus dem gleichen Material die viel preiswerteren Schleifbänder für andere Maschinen hergestellt werden? Und ich will gar nicht erst anfangen, mich über den Stress auszulassen, der mit dem Auswechseln der Trommeln verbunden ist! Das sind einige der Probleme, die ich mit meiner eigenen Version des Trommelschleifers lösen wollte. Das Ergebnis ist eine Maschine, die auf dem Markt nicht ihresgleichen hat.

Sprechen wir über die doppelte Zuführung: Ich habe den Gehäusedeckel der Schleifmaschine so konstruiert, dass die Oberseite der Schleiftrommel zugänglich ist. Das ist ungemein nützlich, wenn man mit der Hand kleine Werkstücke schleifen möchte. Man kann so sogar Kanten abrichten, um fugenlose Breitenverleimungen auszuführen. Aber es lassen sich auch Werkstücke jeder Größe unter der Trommel hindurch führen, um Flächen zu schleifen oder Werkstücke zu kalibrieren (auf eine bestimmte Stärke zu bringen). Das Transportband mit Handantrieb ermöglicht einen konstanten Vorschub während des Schleifens. Sowohl der Arbeitstisch auf der Oberseite als auch der untere Transporttisch sind außerdem feineinstellbar!

Eine weitere, einzigartige Neuerung diese Maschine ist die Methode, mit der man von einer Schleifkörnung zu einer anderen wechselt. Anstatt teure Schleiftrommeln zu kaufen, kann man Rollenware in den üblichen Abmessungen (115 mm x 50 m) verwenden. Außerdem muss man das Schleifmaterial nicht von der Trommel abnehmen, um die Körnung zu wechseln. Stattdessen tauscht man einfach die ganze Trommel aus! Die Maschine weist sogar eine eingebaute Lagermöglichkeit für die Wechseltrommeln auf. Es genügt also, wenn man einfach feststellt, dass es diese Trommelschleifmaschine ist, die kommerzielle Hersteller hätten entwickeln müssen. Aber nicht entwickelt haben. Egal. Wir können sie selbst bauen! Ich zeige Ihnen, wie.

Trommelschleifmaschine

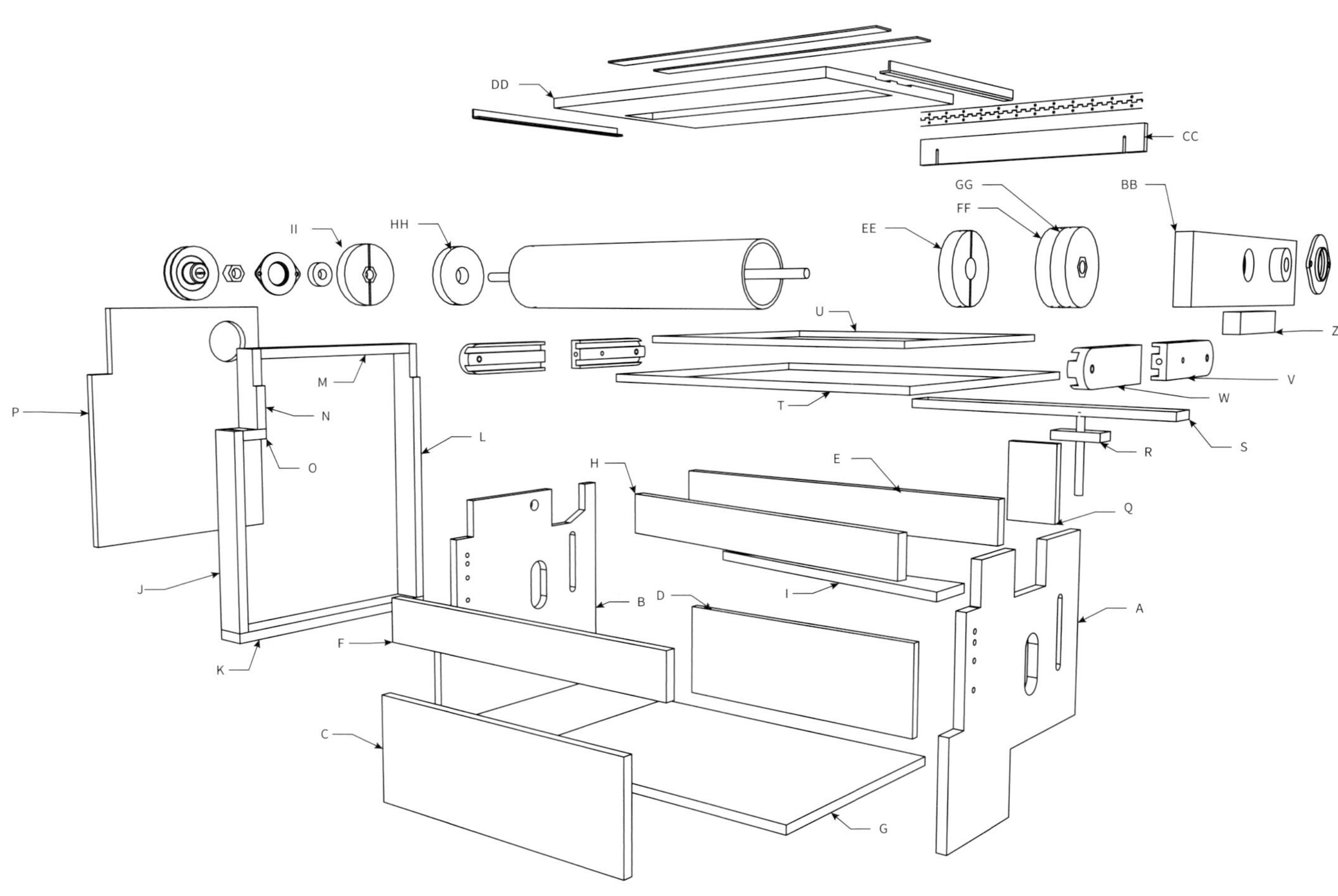

Materialliste

Anzahl	Bauteil	Bezeichnung	Maße	Material
2	Seitenwände	A & D	500 x 485 mm	20-mm-Sperrholz
1	Boden	G	500 x 675 mm	20-mm-Sperrholz
2	Vorder- und Rückwand	B & C	200 x 560 mm	20-mm-Sperrholz
1	Obere Zarge links	F	80 x 620 mm	20-mm-Sperrholz
1	Staubkanal, schräge Seite	H	70 x 570 mm	20-mm-Sperrholz
1	Staubkanal, Boden	I	105 x 560 mm	20-mm-Sperrholz
1	Staubabdeckung, Wand	P	450 x 560 mm	20-mm-Sperrholz
1	Staubabdeckung, Boden	K	450 x 55 mm	20-mm-Sperrholz
1	Staubabdeckung oben, links	J	150 x 55 mm	20-mm-Sperrholz
1	Staubabdeckung unten, links	L	390 x 55 mm	20-mm-Sperrholz
1	Staubabdeckung Mitte, links	O	50 x 55 mm	20-mm-Sperrholz
1	Staubaddeckung rechts	N	565 x 55 mm	20-mm-Sperrholz
1	Staubabdeckung, Deckel	M	360 x 55 mm	20-mm-Sperrholz
1	Obere Zarge rechts	E	70 x 560 mm	20-mm-Sperrholz
1	Feineinstellung, Oberteil	S	70 x 560 mm	20-mm-Sperrholz
1	Feineinstellung, Unterteil	Q	150 x 100 mm	20-mm-Sperrholz
4	Seitenklötze Transporttisch	V & W	60 x 255 mm	20-mm-Sperrholz
1	Arbeitstisch	DD	630 x 460 mm	20-mm-Sperrholz
1	Stütze für Arbeitstisch	CC	630 x 60 mm	20-mm-Sperrholz
1	Achsenlagerung vorne	BB	80 x 370 mm	20-mm-Sperrholz
1	Vordere Achsenverstellung	Z	25 x 125 mm	20-mm-Sperrholz
2	Platten, Transporttisch	T & U	500 x 700 mm	12-mm-MDF
9	Trommelscheiben	EE-II	Siehe Anleitung	20-mm-Sperrholz

Beschläge und Hilfsmittel

	T-Nutschiene, Aluminium, 150 mm lang
2	Aluminiumflachstange 630 x 50 x 3 mm
2	90°-Winkeleisen, Stahl, 460 x 20 mm
1	125-mm-Riemenscheibe für 20-mm-Achse
1	40-mm-Riemenscheibe, passend für Achse am Motor
1	Keilriemen oder Gliederkeilriemen
2	Gekapselte Kugellager, 20 mm Innendurchmesser
2	Trägerflansche passend für den Außendurchmesser der Kugellager
5	20-mm-Muttern und einige Unterlegscheiben
1	20-mm-Gewindespindel, 700 mm lang
3	6-mm-Gewindespindel, 900 mm lang
1	6-mm-Gewindespindel, 300 mm lang
1	6-mm-Gewindespindel, 560 mm lang
1	Klavierband, 600 mm lang
2	Scharniere, 50 x 20 mm
4	6-mm-Stockschrauben, 50 mm lang
2	6-mm-Schraubösen, 75 mm lang
5	6-mm-Flügelschrauben oder kleine Drehgriffe
2	Unterlegscheiben, 6 mm Innendurchmesser
2	6-mm-Muttern und einige Unterlegscheiben
1	Langsam laufender Elektromotor, 0,75–1 kW
3	PVC-Rohr, 100 mm Durchmesser, 500 mm lang, 9,5 mm Wandstärke
2	PVC-Rohr, 40 mm Durchmesser, 500 mm lang, 9,5 mm Wandstärke
	Verschiedene Schrauben, Holzleim und Epoxidklebstoff
1	1525 x 930-mm-Schleifband
3	115 mm x 50 m Schleifbänder (je eins in der Körnung 220 120, 80)
4	Abstandshalter aus Stahl, 20 mm, Innendurchmesser 6 mm

Das zum Transport verwendete Schleifband ist eine in Deutschland lieferbare Größe (1525 x 930 mm). Die angebene Länge der Transporttischplatten T & U ist darauf abgestimmt. In der Breite muss das Band allerdings auf Maß geschnitten werden. Im Interesse der Oberflächengüte könnte man auch versuchen, ein passendes Transport- oder Förderband aus Kunststoffmaterial zu finden (z.B. Antirutschmatten), um Kratzer und Riefen durch das Korn des Schleifbandes zu vermeiden.

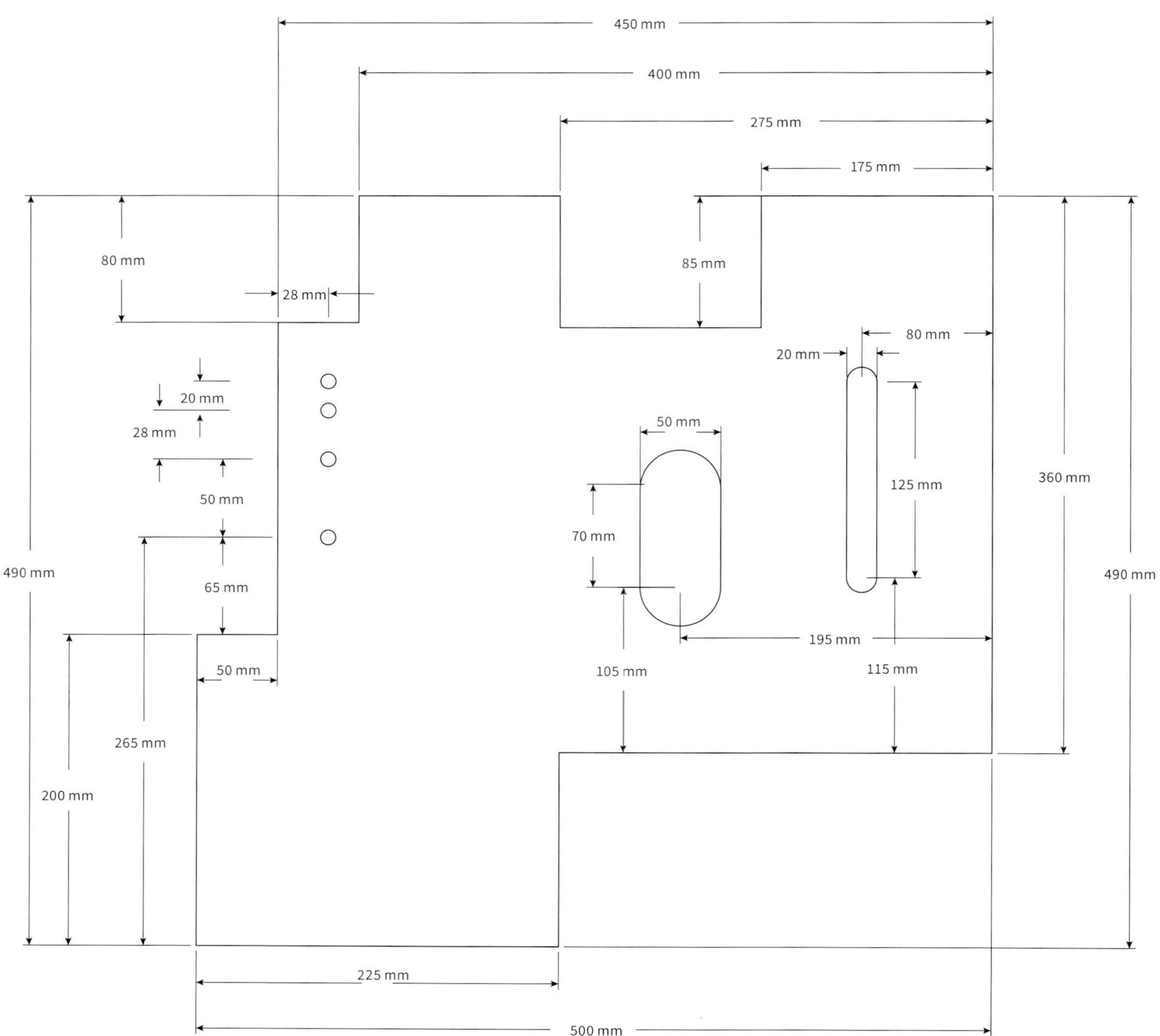
450 mm
400 mm
275 mm
175 mm
80 mm
28 mm
85 mm
80 mm
20 mm
20 mm
28 mm
50 mm
125 mm
360 mm
50 mm
70 mm
490 mm
490 mm
65 mm
195 mm
50 mm
105 mm
115 mm
265 mm
200 mm
225 mm
500 mm

Platte A

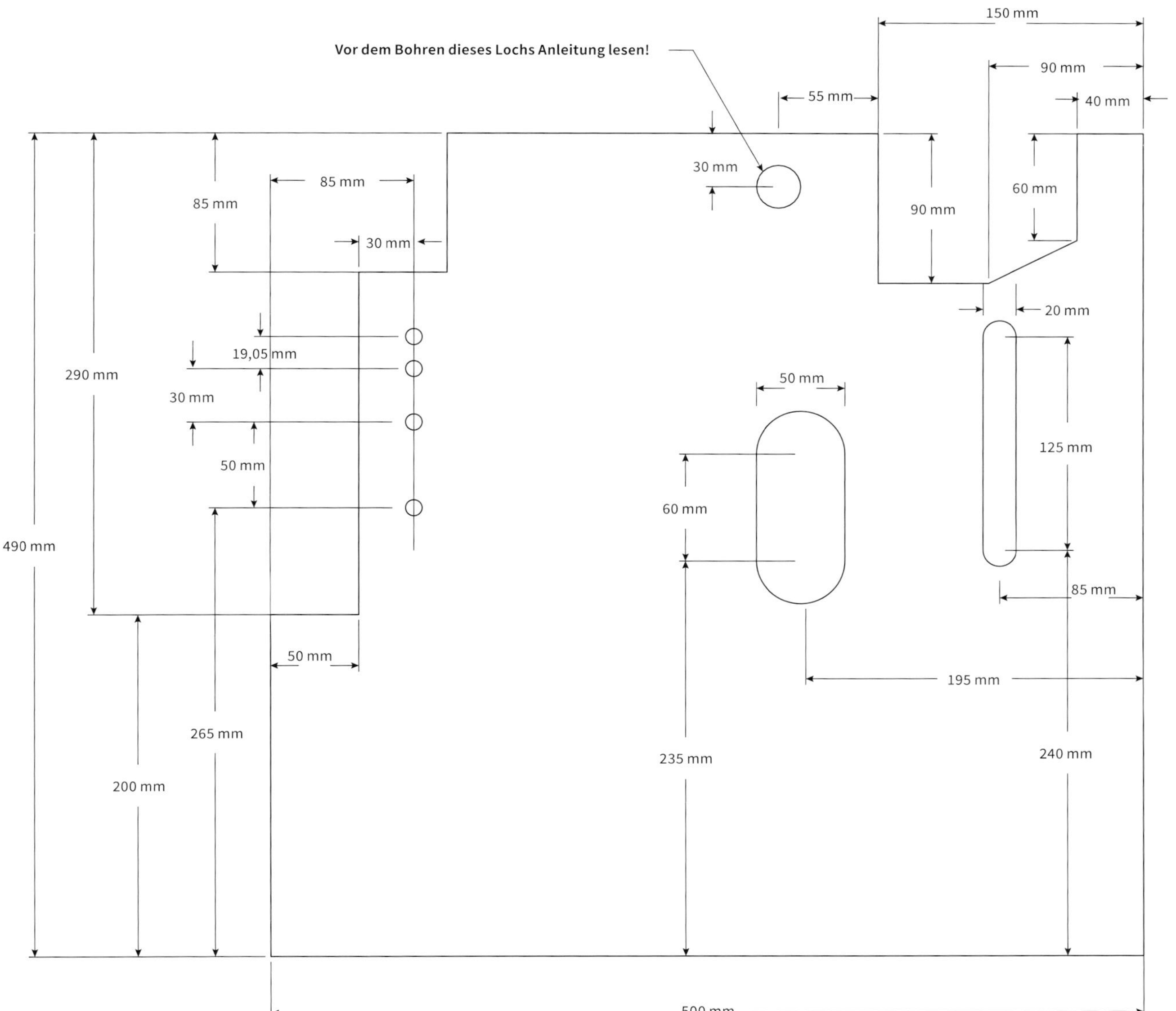
Vor dem Bohren dieses Lochs Anleitung lesen!
150 mm
90 mm
55 mm
40 mm
30 mm
85 mm
85 mm
30 mm
90 mm
60 mm
20 mm
19,05 mm
290 mm
30 mm
50 mm
50 mm
125 mm
60 mm
490 mm
85 mm
50 mm
195 mm
265 mm
235 mm
240 mm
200 mm
500 mm

Platte D

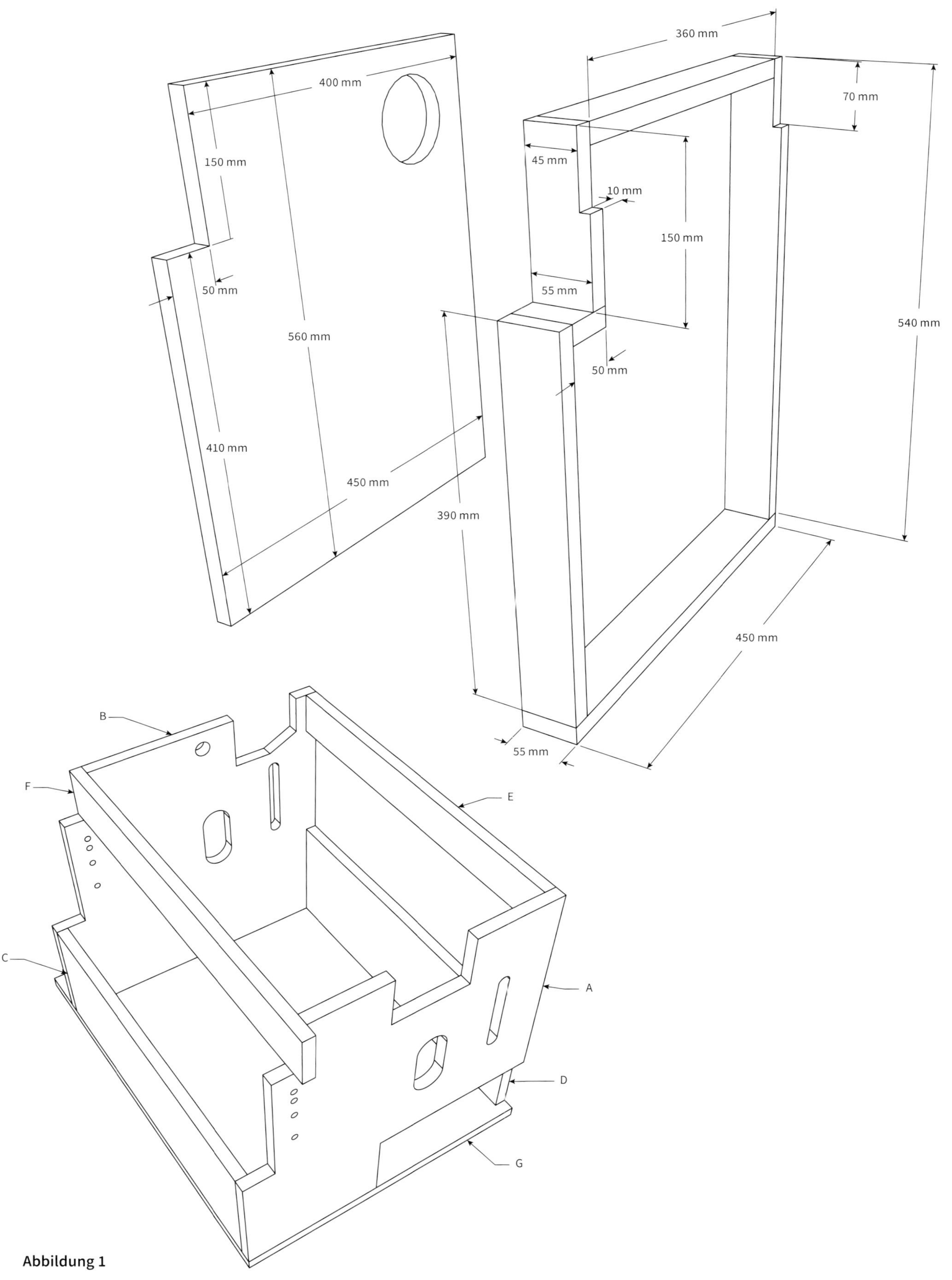
400 mm
150 mm
50 mm
560 mm
410 mm
450 mm
390 mm
360 mm
70 mm
45 mm
10 mm
150 mm
55 mm
50 mm
540 mm
450 mm
55 mm
B
F
C
E
A
D
G

Abbildung 1

Teil Eins: Das Gehäuse

Abbildung 2

Abbildung 3

Das Gehäuse ist im Wesentlichen ein Kasten, die komplizierte Form der Seitenwände erfordert allerdings etwas Arbeit. Reißen Sie die Schnittlinien sorgfältig an, und kontrollieren Sie alles zweimal, bevor Sie die Schnitte ausführen. Es zahlt sich aus, die Kanten genau rechtwinklig zu sägen und die Löcher präzise zu bohren.

SCHRITT 1: Reißen Sie die Form der Seitenwände A und D nach Maßgabe der Arbeitszeichnungen an. Das große ovale Loch in der Mitte und der lange Schlitz an der Kante lassen sich am einfachsten schneiden, indem man eine Reihe von Löchern bohrt und dann den Verschnitt dazwischen entfernt (**ABBILDUNG 2**).

Abbildung 4

SCHRITT 2: Bohren Sie mit einem Forstnerbohrer, dessen Durchmesser dem des Lagers entspricht, an der in der Zeichnung gekennzeichneten Stelle ein Sackloch in das Teil B. Richten Sie B dafür so aus wie in der **ABBILDUNG 3** zu sehen. Bohren Sie in mehreren Durchgängen, und legen Sie zwischendurch das Lager immer wieder in das Bohrloch und den Trägerflansch auf das Lager. Falls der Flansch nicht auf der Platte aufliegt, bohren Sie etwas tiefer. Bohren Sie nicht zu tief, weil dann das Lager nicht richtig sitzt. Es empfiehlt sich, eine Probebohrung in einem Stück Restholz zu bohren und dann die Tiefe an der Ständerbohrmaschine einzustellen, bevor man im eigentlichen Bauteil bohrt. (Heben Sie das Reststück für später auf.) Wenn das Lager eingepasst ist, bohren Sie in der Mitte des Sacklochs mit einem 28-mm-Bohrer durch das Holz (**ABBILDUNG 3**). Bringen Sie das Lager an (**ABBILDUNG 4**).

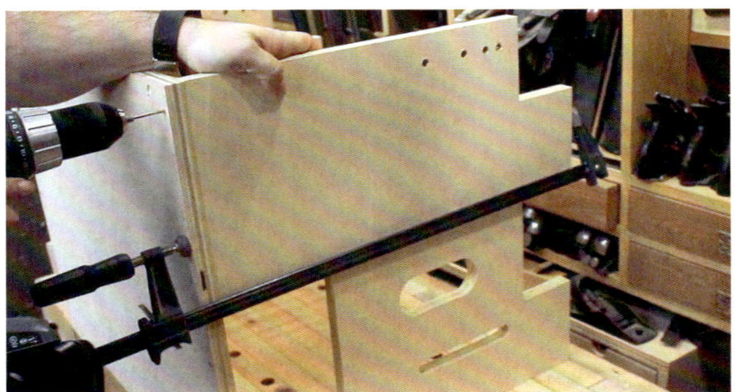
Abbildung 5

Abbildung 6

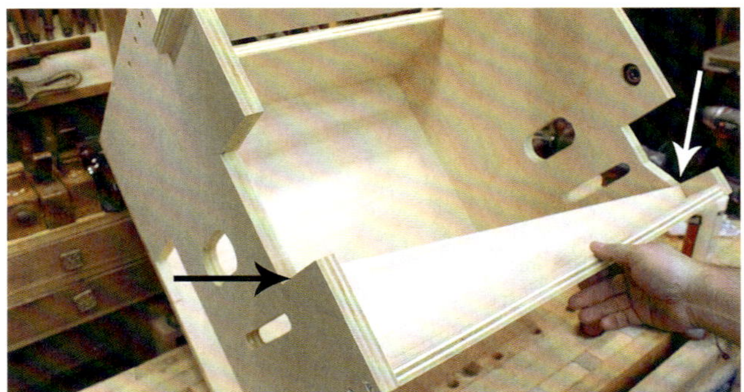
Abbildung 7

Abbildung 8

SCHRITT 3: Bauen Sie das Gehäuse zusammen, indem Sie die Platten B, C, E, F und G miteinander verbinden wie in den **ABBILDUNGEN 1, 5 UND 6** zu sehen. Verwenden Sie Schrauben, aber keinen Leim. Es wird Ihnen auffallen, dass die Platte F 20 mm über die Kante der Platte A hinausragt. Dies ist beabsichtigt **(ABBILDUNG 1)**.

SCHRITT 4: Um den Boden des Staubkanals herzustellen, legen Sie die Platte I ein wie in **ABBILDUNG 7** zu sehen. Die Platte ist noch nicht dreieckig, aber das ändern wir gleich. Markieren Sie die Stellen, wo die Platte auf die durch Pfeile gekennzeichneten Stellen trifft. Ziehen Sie dann eine Linie von einer Markierung zur anderen, und schneiden Sie an der Linie entlang.

SCHRITT 5: Geben Sie Leim an die Kante der Platte H. Legen Sie diese beleimte Kante auf die schräge Seite von Platte I. Die Enden der Platte müssen nicht angeleimt werden **(ABBILDUNG 8)**.

Teil Zwei: Der Arbeitstisch

SCHRITT 6: Die Platte des Arbeitstischs muss mit zwei Nuten versehen werden, deren Größe auf den Aluminiumflachstab abgestimmt ist. Sie können dazu eine Tischkreissäge oder einen Handoberfräsentisch verwenden. Stellen Sie die Schnittbreite auf etwas weniger als die gewünschte Nutbreite ein. Die Entfernung vom Fräser oder Sägeblatt zum Anschlag sollte 150 mm betragen. Machen Sie einen Schnitt, drehen Sie die Platte um 180°, und führen Sie einen zweiten Schnitt aus. Wiederholen Sie den Vorgang, wobei Sie den Abstand zwischen Anschlag und Schneide immer wieder verringern, um die Nuten zu verbreitern, bis Sie die gewünschte Breite erreicht haben **(ABBILDUNG 9)**. Legen Sie jetzt die Aluminiumflachstäbe in die Nuten, und kontrollieren Sie die Tiefe. Die Aluminiumflachstäbe sollten genau mit der Oberfläche des Arbeitstischs fluchten. Vertiefen Sie die Nut also gegebenenfalls, in dem Sie die Schnitttiefe etwas vergrößern und den Vorgang wiederholen. Es ist besser, dies zwei- oder dreimal zu wiederholen, als die Nuten versehentlich zu tief zu schneiden.

Abbildung 9

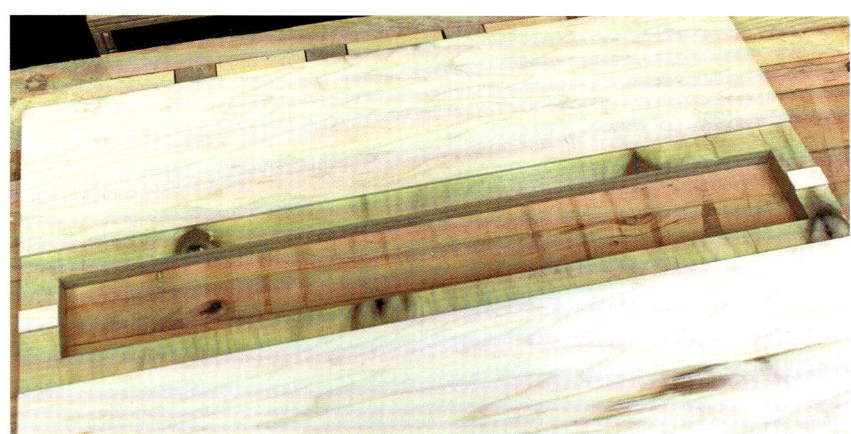

Abbildung 10

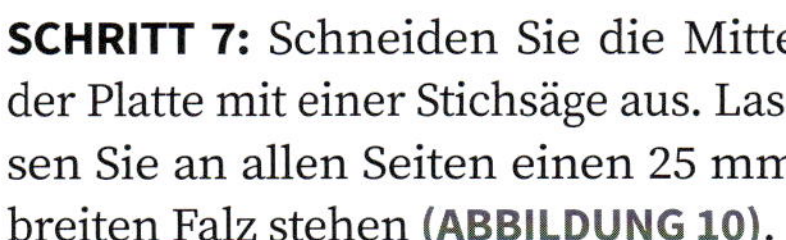

SCHRITT 7: Schneiden Sie die Mitte der Platte mit einer Stichsäge aus. Lassen Sie an allen Seiten einen 25 mm breiten Falz stehen **(ABBILDUNG 10)**.

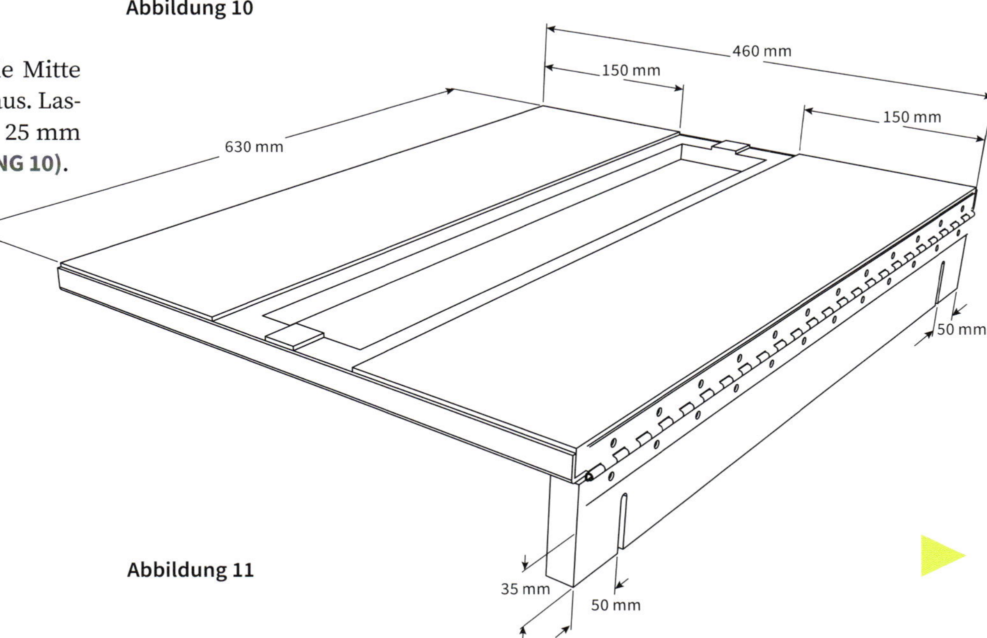

Abbildung 11

Abbildung 12

Abbildung 13

Abbildung 14

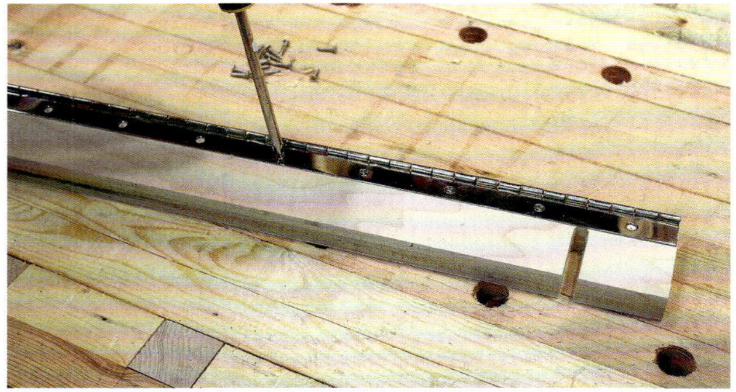

Abbildung 15

SCHRITT 8: Legen Sie die obere Platte mit der gefälzten Seite nach unten auf die Werkbank, und bringen Sie Stahlwinkeleisen an der vorderen und hinteren Kante an. Dazu müssen Sie Löcher in die Nute und kleinere Führungslöcher in die Platte bohren. Befestigen Sie die Winkeleisen mit vier oder fünf Schrauben pro Seite **(ABBILDUNGEN 12 UND 13)**.

SCHRITT 9: Für die Aluminiumflachstäbe müssen Sie ebenfalls Führungslöcher bohren. Außerdem ist es wichtig, die Löcher im Aluminium zu versenken, damit die Schraubenköpfe nicht über die Oberfläche hinausragen. Verwenden Sie an jedem Ende zwei Schrauben und fünf Schrauben entlang der Kante jedes Flachstabs **(ABBILDUNG 14)**.

Schrauben oder Leim?

Ich verwende beim Zusammenbau der Hauptteile (nicht nur) dieser Maschine vorzugsweise nur Schrauben. Das erlaubt es mir, die Maschine später wieder zu demontieren, um Veränderungen vorzunehmen oder sie zu reparieren. Ich bohre immer Führungslöcher für die Schrauben!

SCHRITT 10: Nehmen Sie Teil CC der Materialliste zur Hand. Markieren Sie einen Punkt in 50 mm Entfernung von einem Ende und 28 mm von der Kante. Bohren Sie dort ein 10-mm-Loch, und entfernen Sie den Verschnitt vom Bohrloch bis zu der Kante, von der aus Sie gemessen haben, um einen Schlitz herzustellen. Wiederholen Sie den Vorgang am anderen Ende.

SCHRITT 11: Legen Sie ein Klavierband auf die Kante des Teils CC, und klappen Sie es um 90° über die Kante, sodass das Gewerbe nach oben zeigt **(ABBILDUNG 15)**. Dadurch wird sichergestellt, dass das Klavierband parallel zur Kante verläuft. Bohren Sie Führungslöcher, aber drehen Sie die Schrauben noch nicht ein.

SCHRITT 12: Nehmen Sie das Klavierband ab, legen Sie es auf die Kante der oberen Platte, und klappen Sie es auf die gleiche Weise um. Bohren Sie Führungslöcher und bringen Sie das Klavierband mit Schrauben an. Befestigen Sie dann auch Teil CC mit Schrauben am Klavierband **(ABBILDUNG 11)**.

Teil Drei: Der Transporttisch

SCHRITT 13: Legen Sie die Teile V und W zurecht. Es sollten von jedem zwei Stück vorhanden sein. Reißen Sie mit einem Zirkel jeweils an einem Ende einen Halbkreis mit einem Radius von 28 mm an. Schneiden Sie den Verschnitt ab, und bohren Sie dann am Mittelpunkt ein Loch. Der Durchmesser des Lochs sollte so bemessen sein, dass Ihre Stahlunterlegscheiben stramm hineinpassen (**ABBILDUNGEN 16 UND 17**).

Abbildung 16

Abbildung 17

SCHRITT 14: Schneiden Sie Nuten an beiden Seiten aller vier Teile ein. Sie sollten 12 mm tief und 6 mm von den Kanten entfernt sein. Die Breite sollte geringfügig mehr als die Stärke des 12-mm-MDFs betragen (**ABBILDUNG 16**).

SCHRITT 15: Spannen Sie eines der vier Teile mit dem runden Ende nach unten in die Bankzange ein. Ermitteln Sie die genaue Mitte, und bohren Sie mit einem 8-mm-Bohrer mit Tiefeneinsteller ein 60 mm tiefes Loch. Achten Sie darauf, dass das Loch möglichst senkrecht verläuft. Wiederholen Sie die Bohrung an den drei anderen Teilen (**ABBILDUNG 18**).

Abbildung 18

Abbildung 19

SCHRITT 16: Legen Sie zwei der Teile nebeneinander. Ziehen Sie mit dem Tischlerwinkel in 80 mm Entfernung vom runden Ende eine Linie über beide Teile (**ABBILDUNG 19**). Bohren Sie mittig zwischen den Kanten der Teile 6-mm-Löcher auf dieser Linie. Diese beiden Teile bezeichnen wir mit dem Buchstaben V.

SCHRITT 17: Schneiden Sie aus 20-mm-Sperrholz vier runde Scheiben. Sie sollten stramm in das 40-mm-PVC-Rohr passen. Bohren Sie ein 6-mm-Loch durch den Mittelpunkt jeder Scheibe (**ABBILDUNG 20**).

SCHRITT 18: Legen Sie eine 6-mm-Mutter auf jedes Bohrloch, und übertragen Sie den Umriss mit einem Bleistift auf das Holz. Stechen Sie mit dem Beitel eine Vertiefung für die Mutter, sodass diese mit der Oberfläche der Scheibe fluchtet. Achten Sie auf genau mittigen Sitz der Mutter! Kleben Sie je eine Mutter mit Epoxidklebstoff in eine der vier Scheiben (**ABBILDUNG 21**).

Abbildung 20

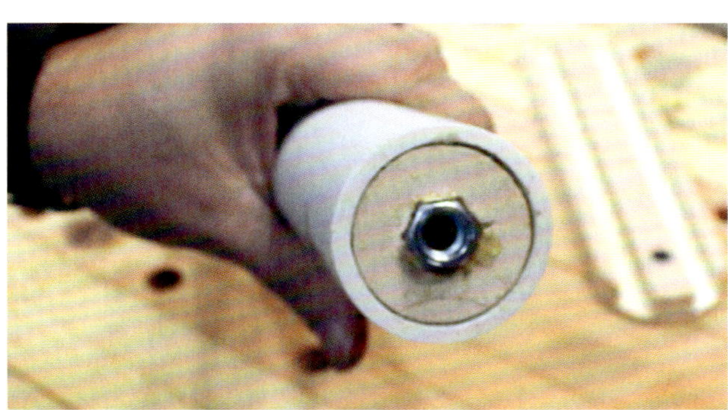
Abbildung 21

Abbildung 22

Abbildung 23

Abbildung 24

Abbildung 25

Abbildung 26

SCHRITT 19: Schneiden Sie aus dem PVC-Rohr zwei Stücke von jeweils 500 mm Länge. Kleben Sie mit Epoxidklebstoff eine Scheibe in jedes Ende, und sichern Sie die Scheiben mit 25-mm-Drahtstiften, die Sie durch das PVC in die Scheiben treiben **(ABBILDUNG 22)**.

SCHRITT 20: Schneiden Sie zwei Stück 6-mm-Gewindespindel, eines auf 560 mm, das andere auf 910 mm. Setzen Sie die Gewindespindel in das Futter einer Bohrmaschine ein, um sie schnell durch eine der Muttern zu drehen, bis sie die Mutter am anderen Ende des Rohrs erreicht. Lassen Sie die Gewindespindeln an einem Ende etwa 40 mm herausragen, geben Sie etwas Epoxidklebstoff an das Gewinde, und drehen Sie die Gewindespindel wieder zurück durch die Mutter, bis sie nur 25 mm herausragt. Geben Sie etwas Epoxidklebstoff an die Mutter am gegenüberliegenden Ende **(ABBILDUNG 22)**.

SCHRITT 21: Umwickeln Sie die Walze mit der längeren Gewindespindel mit Gewebeklebeband. (Sie finden solche Klebebänder beim Elektrozubehör. Achten Sie darauf, ein Band mit Gewebeoberfläche zu verwenden, nicht eines mit glatter PVC-Oberfläche.) Falten Sie die beiden Enden auf doppelte Stärke um, und sichern Sie sie mit einem kleinen Nagel **(ABBILDUNG 23)**.

SCHRITT 22: Legen Sie alle V- und W-Teile nebeneinander. Ziehen Sie mit dem Tischlerwinkel in 45 mm Entfernung von den runden Enden eine Linie auf die genutete Seite **(ABBILDUNG 24)**.

Abbildung 27

Abbildung 28

Abbildung 29

SCHRITT 23: Stellen Sie die beiden V-Teile (mit den zusätzlichen Löchern) auf ihre Kanten, sodass die genuteten Flächen zueinander weisen. Geben Sie Leim in die unteren Nuten, und schieben Sie dann die Platte U in die Nuten und bis zu der Linie, die Sie zuvor angerissen haben **(ABBILDUNG 25)**. Platzieren Sie die Walze mit dem Gewebeband zwischen ihnen, sodass die Gewindespindel durch die Stahlunterlegscheiben geführt wird. In **ABBILDUNG 26** ist die Ausrichtung zu sehen: Das längere Ende der Gewindespindel führt durch die linke Seite.

SCHRITT 24: Wiederholen Sie den Vorgang mit der Platte T und den beiden anderen Teilen, und platzieren Sie die andere Walze zwischen ihnen **(ABBILDUNG 27)**.

SCHRITT 25: Kontrollieren Sie alles, bevor der Leim an den Plattenmontagen trocknet. Die Seiten sollten rechtwinklig zu den Platten stehen, und die Walzen parallel zu den Plattenkanten verlaufen. Sichern Sie die Montage mit Zwingen und provisorisch eingetriebenen Drahtstiften, bis die Verleimung trocken ist.

SCHRITT 26: Schneiden Sie zwei 150 mm lange Stücke 6-mm-Gewindespindel zu. Drehen Sie eine Mutter bis zur Mitte jeder Stange auf, und schieben Sie sie in die Löcher in den Enden der W-Teile wie in **ABBILDUNG 28** zu sehen ist.

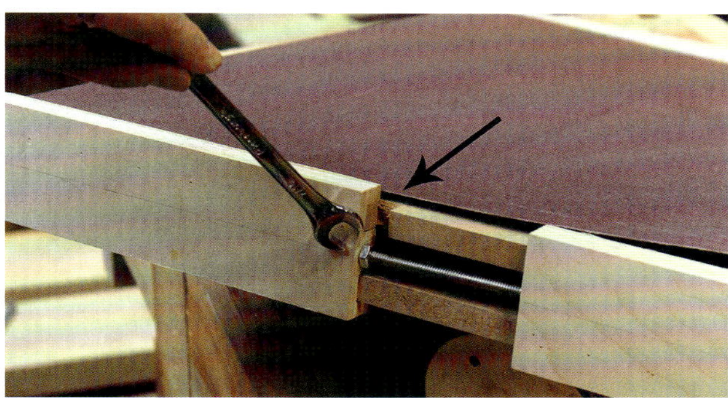
Abbildung 30

SCHRITT 27: Schieben Sie die beiden Bauteile des Transporttisches zusammen, indem Sie die Platte U in die Nuten der Kanten von Platte T stecken und umgekehrt. Stecken Sie dabei die freien Enden der beiden Gewindespindeln in die Löcher im Ende des Teils V **(ABBILDUNG 29)**. Keinen Klebstoff angeben!

SCHRITT 28: Schneiden Sie das Schleifband auf die Breite des Transporttischs zu. Schieben Sie das Schleifband auf den Transporttisch, und drehen Sie mit einem Schraubenschlüssel die Muttern auf beiden Seiten, um den Tisch zu verlängern und so das Schleifband zu spannen. Falls der Schraubenschlüssel zu groß ist, um zwischen die beiden Teile des Transporttischs zu passen, stechen Sie neben der Stelle, wo es in den Nut geleimt ist, mit dem Stechbeitel etwas von einem der Teile ab **(ABBILDUNG 30)**.

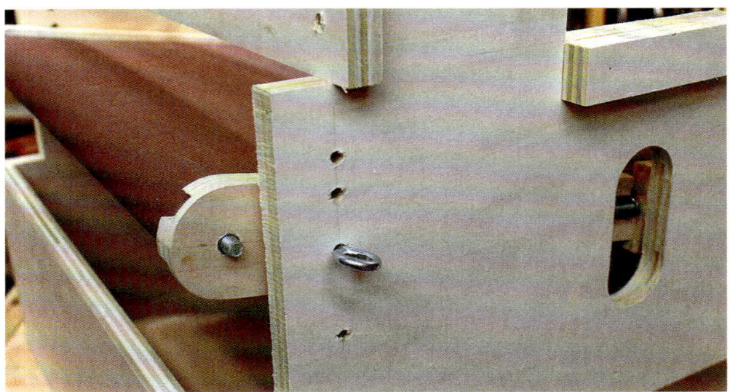

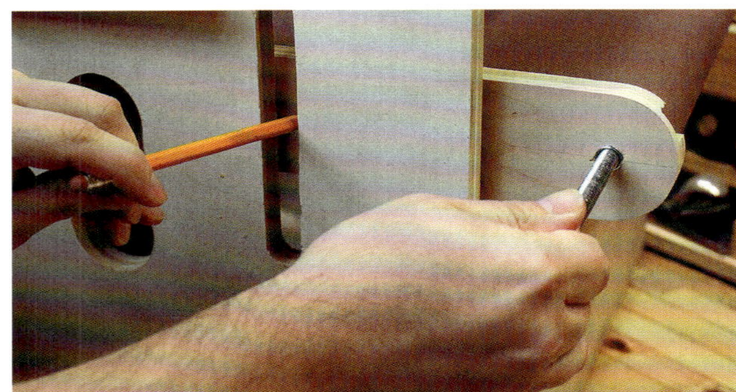

Abbildung 31

Abbildung 32

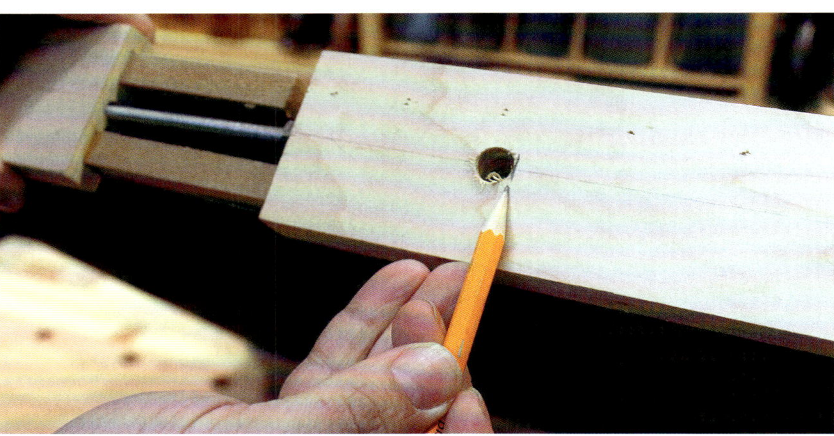

Abbildung 33

SCHRITT 29: Platzieren Sie den fertigen Transporttisch im Gehäuse, indem Sie auf jeder Seite 6-mm-Einschraubösen als Lager einstecken. Wenn Sie vor der Maschine stehen und der quadratische Ausschnitt sich in der unteren Ecke befindet, dann sollte der Tisch so positioniert werden, dass die lange Gewindespindel auf der rechten Seite zu Ihnen hinweist **(ABBILDUNGEN 31 UND 32)**.

SCHRITT 30: Neigen Sie den Tisch auf und ab, und suchen Sie an der Seite einen Punkt, der immer durch den langen, schmalen Schlitz in der Seitenwand des Gehäuses zu sehen ist. Markieren Sie diesen Punkt mit einem Bleistift auf beiden Seiten des Transporttischs **(ABBILDUNG 32)**. Bohren Sie dort jeweils ein 6-mm-Loch **(ABBILDUNG 33)**. Schieben Sie eine 6-mm-Gewindespindel auf der einen Seite durch das Loch, durch den Tisch hindurch und durch das Loch auf der anderen Seite wieder hinaus. Sichern Sie die Gewindespindeln mit großen Unterlegscheiben und Flügelmuttern auf beiden Seiten der Maschine **(ABBILDUNG 34)**.

SCHRITT 31: Schneiden Sie ein Sperrholzreststück zu einem Kurbelgriff zurecht. Gute Maße sind zum Beispiel 125 mm Länge, 40 mm Radius an einem und 12 mm Radius am anderen Ende. Bohren Sie am Mittelpunkt jeder Rundung ein 6-mm-Loch, und stechen Sie eine sechseckige Aufnahme für eine 6-mm-Mutter aus. Setzen Sie mit Epoxidklebstoff eine Mutter in jede Aussparung ein **(ABBILDUNG 35)**.

SCHRITT 32: Bohren Sie ein 8-mm-Loch durch die Mitte eines 50 mm langen Stücks 20-mm-Rundstange aus Laubholz. Bohren Sie an einem Ende ein 12-mm-Sackloch mit etwa 10 mm Tiefe. Dies dient als Aufnahme für den Vierkantansatz der Schlossschraube, wenn sie eingesetzt wird **(ABBILDUNG 36)**.

Abbildung 34

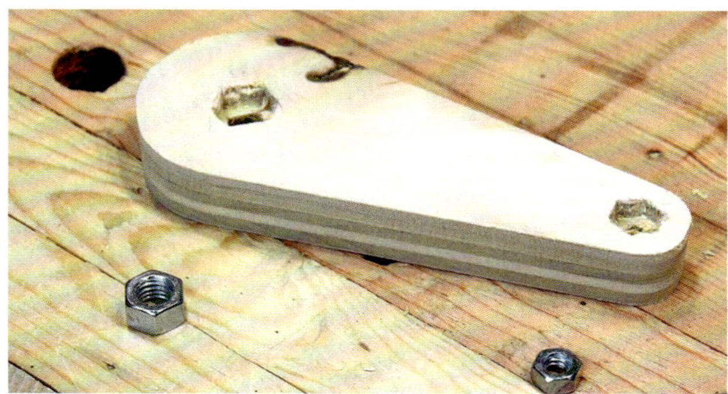
Abbildung 35

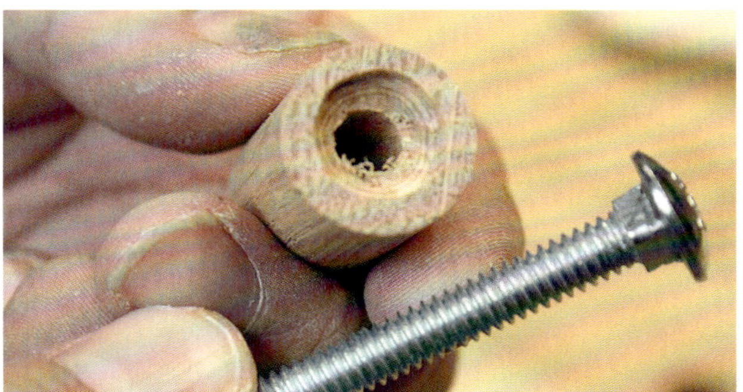
Abbildung 36

Abbildung 37

SCHRITT 33: Stecken Sie die 75-mm-Schlossschraube durch die Rundstange und in das Loch am schmaleren Ende der Kurbel. Die Mutter sollte auf der Seite gegenüber der Kurbel liegen. Geben Sie etwas Epoxidklebstoff an das Gewinde in der Mutter, und ziehen Sie die Schlossschraube so weit an, dass die Rundstange sich noch frei dreht **(ABBILDUNG 37)**.

SCHRITT 34: Drehen Sie die Kurbel auf die längere Gewindespindel auf, die aus dem Transporttisch herausragt. Bringen Sie sie so dicht wie möglich an die Maschine heran, ohne dass die Kurbel an die Seitenwand des Gehäuses stößt. Schneiden Sie die Gewindespindel in 6 mm Entfernung von der Kurbel ab, entfernen Sie die Kurbel, geben Sie Epoxidklebstoff an die Gewindespindel, und schrauben Sie die Kurbel wieder auf. Setzen Sie eine zweite Mutter auf das kurze Ende der Gewindespindel, und lassen Sie das Ganze trocknen **(ABBILDUNG 37)**.

Teil Vier: Die Trommeln

SCHRITT 35: Schneiden Sie neun Scheiben zu, die gerade so groß sind, dass sie stramm in das 100-mm-PVC-Rohr passen (**ABBILDUNG 38**).

SCHRITT 36: Bohren Sie am Mittelpunkt von zwei der Scheiben Sacklöcher, die groß genug sind, Muttern mit 20-mm-Gewinde aufzunehmen. Die Tiefe wird durch die Stärke der Muttern vorgegeben. Bohren Sie dann mit einem 20-mm-Bohrer ganz durch die Scheibe. Bohren Sie am Mittelpunkt der anderen sieben Scheiben durchgehende 20-mm-Löcher (**ABBILDUNG 38**).

SCHRITT 37: Kleben Sie je eine Mutter mit 20-mm-Gewinde in die großen Löcher in den beiden Scheiben. Achten Sie darauf, dass der Klebstoff nicht auf das Gewinde gelangt (**ABBILDUNG 39**).

SCHRITT 38: Wenn der Epoxidklebstoff trocken ist, schrauben Sie ein kurzes Stück 20-mm-Gewindespindel durch die Mutter in einer der Scheiben, so dass sie auf der anderen Seite vorsteht. Legen Sie die Scheibe auf eine der Scheiben mit einer durchgehenden 20-mm-Bohrung, und bohren Sie an der Ständerbohrmaschine zwei 6-mm-Löcher durch beide Scheiben – eines auf jeder Seite wie in **ABBILDUNG 40** zu sehen. Nehmen Sie die Scheibe ohne Mutter ab, und ersetzen Sie sie durch eine andere. Bohren Sie auch in diese Scheibe zwei Löcher, indem Sie die zuvor in die obere Scheibe gebohrten Löcher als Führung verwenden. Wiederholen Sie den Vorgang mit einer dritten Scheibe (**ABBILDUNG 41**).

Abbildung 38

Abbildung 39

Abbildung 40

Abbildung 41

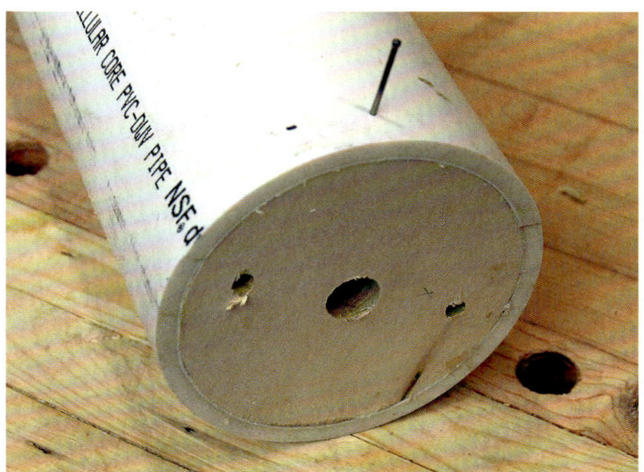

Abbildung 42

SCHRITT 39: Schneiden Sie drei Stück 100-mm-PVC-Rohr auf 500 mm Länge. Achten Sie darauf, dass die Schnitte rechtwinklig verlaufen! (Sie können an der Tischkreissäge schneiden.) Setzen Sie in jedes Rohrstück eine der Scheiben mit drei Bohrlöchern mit Epoxidklebstoff ein, sodass sie bündig mit dem Rohrende abschließt. Sichern Sie die Scheibe zusätzlich mit Nägeln **(ABBILDUNG 42)**.

SCHRITT 40: Kleben Sie in das andere Ende jedes Rohrs eine Scheibe mit einer einzelnen Bohrung (ohne Mutter) ein. Verwenden Sie eine Lehre, um sicherzustellen, dass diese Scheiben 12 mm vom Rohrende nach innen versetzt sind. Treiben Sie Nägel ein, um die Klebung zu verstärken **(ABBILDUNG 43)**.

Abbildung 43

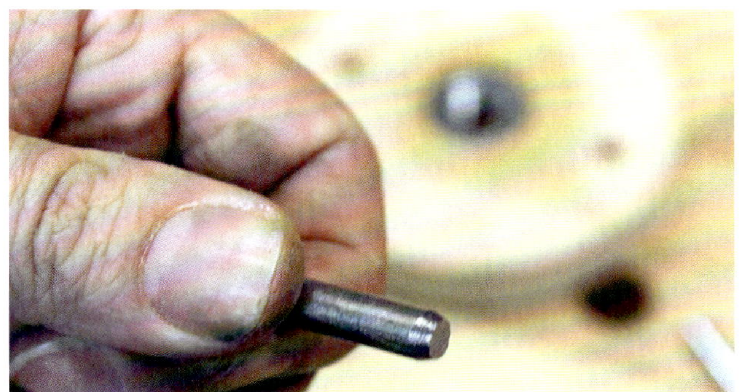

Abbildung 44

SCHRITT 41: Schneiden Sie zwei 40 mm lange Stifte aus einer 6-mm-Stahlstange zu, und fasen Sie jeweils ein Ende an. Stecken Sie das nicht angefaste Ende jeweils in eines der beiden kleinen Bohrlöcher in der Scheibe mit der Mutter in der Mitte. Kleben Sie die Stifte mit Epoxidklebstoff ein **(ABBILDUNG 44)**.

Abbildung 45

Abbildung 46

Abbildung 47

Abbildung 48

SCHRITT 42: Schneiden Sie ein 700 mm langes Stück 20-mm-Gewindespindel zu. Stecken Sie die Gewindespindel durch das Kugellager in Platte D, sodass es auf der Rückseite der Schleifmaschine 50 mm herausragt (**ABBILDUNG 45**). Schrauben Sie auf beiden Seiten des Kugellagers eine Mutter auf, und ziehen Sie die Muttern mit zwei Schraubenschlüsseln an. Drehen Sie dann die Scheibe mit den Stahlstiften auf die Gewindespindel. Geben Sie neben der Mutter, die am Kugellager anliegt, etwas Epoxidklebstoff an das Gewinde, und drehen Sie dann die Scheibe in den Klebstoff, bis sie auf die Mutter trifft. Falls die Scheibe die Sperrholzplatte berührt, bevor sie an der Mutter anliegt, legen Sie eine Unterlegscheibe dazwischen (**ABBILDUNG 46**). Prüfen Sie dies, bevor Sie den Epoxidklebstoff angeben!

SCHRITT 43: Legen Sie Teil BB zurecht. Sie müssen ein gestuftes Loch in das Teil BB bohren, so wie Sie es schon im Schritt 2 gemacht haben. Deswegen haben Sie damals das Probestück aufgehoben. Jetzt können Sie damit die Bohrtiefe an der Ständerbohrmaschine einstellen. Das Bohrloch sollte 185 mm von einem Ende und 30 mm von der Kante liegen. Bringen Sie das Kugellager an wie in **ABBILDUNG 47** zu sehen.

SCHRITT 44: Drehen Sie zwei 40-mm-Holzschrauben in das Ende von BB, von dem aus Sie die 185 mm abgemessen haben. Drehen Sie zwei weitere Schrauben in die Längskante des Stücks ein, die am weitesten von dem Trägerflansch für das Kugellager entfernt ist. Sie sollten jeweils etwa 50 mm von den Seiten des Flanschs entfernt liegen. Lassen Sie alle drei Schrauben 6 mm herausragen (**ABBILDUNG 49**).

Abbildung 49

Abbildung 50

Abbildung 51

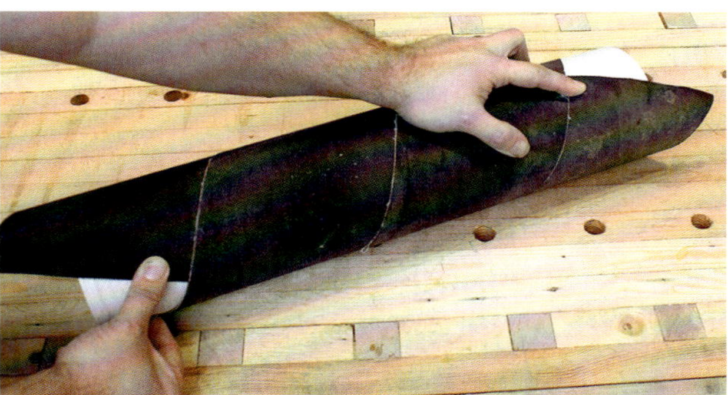
Abbildung 52

Abbildung 53

SCHRITT 45: Legen Sie das Teil BB auf den quadratischen Ausschnitt in Platte A, sodass es bündig mit der Oberkante abschließt und die Schrauben am Ende die Schiene berühren, die nach links herausragt. Spannen Sie BB fest, und bohren Sie zwei 5-mm-Löcher durch beide Lagen, jeweils eines in der Nähe jedes Endes **(ABBILDUNG 48)**. Nehmen Sie Teil BB wieder ab, und vergrößern Sie die Löcher nur in diesem Teil auf 20 mm **(ABBILDUNG 49)**.

SCHRITT 46: Drehen Sie 6-mm-Stockschrauben in die beiden Löcher, die Sie in Platte A gebohrt haben. Eventuell müssen Sie die Enden mit Holzgewinde kürzen, falls sie auf der anderen Seite der Platte herausragen **(ABBILDUNG 50)**.

SCHRITT 47: Befestigen Sie das Teil Z mit Leim und Drahtstiften unter dem quadratischen Ausschnitt **(ABBILDUNG 50)**.

SCHRITT 48: Drehen Sie ein kurzes Stück 20-mm-Gewindespindel durch die verbleibende Scheibe mit einer Mutter in der Mitte, wie Sie es schon in Schritt 35 getan haben. Richten Sie eine der Scheiben mit einem 20-mm-Bohrloch daran aus, und leimen Sie die beiden Scheiben zusammen. Drehen Sie die Gewindespindel nach dem Trocknen wieder heraus **(ABBILDUNG 51)**.

SCHRITT 49: Legen Sie das Schleifpapier erst trocken um die Trommel, um den besten Winkel zu ermitteln **(ABBILDUNG 52)**, und markieren Sie das Ende, wo überstehendes Material abgeschnitten werden muss **(ABBILDUNG 53)**. Geben Sie hochwertigen Sprühkleber auf die ersten 150-200 mm an jedem Ende des Schleifbandes an, und verwenden Sie das beschnittene Ende des Bandes als Bezugskante, um den geeigneten Winkel für das Aufbringen zu reproduzieren. Sie müssen nicht die gesamte Trommel mit Klebstoff versehen.

Abbildung 54

Abbildung 55

Abbildung 56

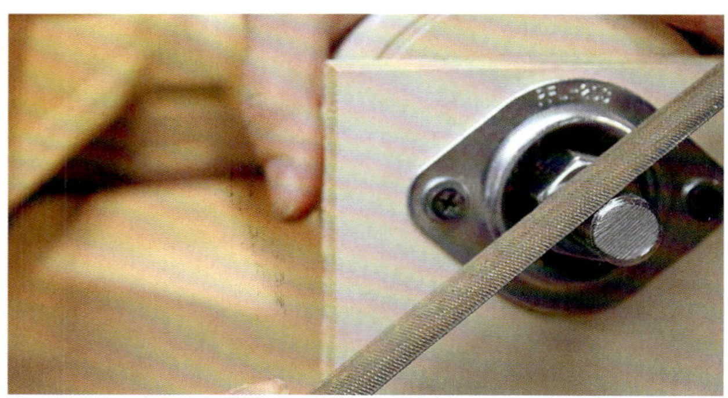

Abbildung 57

SCHRITT 50: Schieben Sie die Trommel auf die Achse. Das Ende mit den zwei kleinen Löchern sollte auf die beiden Stifte an der Antriebsscheibe passen **(ABBILDUNG 54)**. Drehen Sie die Scheibe aus zwei Schichten auf die Achse, und schieben Sie sie in das Ende der Trommel, indem Sie sie mit der Hand festziehen **(ABBILDUNG 55)**.

SCHRITT 51: Schieben Sie das Ende der Achse durch das Kugellager in der Endabdeckung (Teil BB), und sichern Sie es mit Flügelmuttern, die Sie auf die Stockschrauben aufdrehen. Sie werden die Achse mit einer Metallsäge etwa 25 mm vom Kugellager einkürzen müssen **(ABBILDUNG 56)**.

SCHRITT 52: Feilen Sie am anderen Ende der Achse einen Teil des Gewindes flach, um eine Angriffsfläche für die Einstellschraube der Riemenscheibe zu schaffen **(ABBILDUNG 57)**. Dann können Sie die Riemenscheibe anbringen.

Riemenscheiben und Motoren

Viele Elektromotoren laufen mit etwa 3500 UpM. Das ist für eine Trommelschleifmaschine zu schnell. Sie sollten entweder einen langsamer laufenden Motor verwenden (um 1700 UpM) oder die Geschwindigkeit verringern, indem Sie an der Motorachse eine 40-mm-Riemenscheibe und an der Trommelachse eine mit 125 mm Durchmesser anbringen. Die Motorleistung sollte mindestens 750 Watt betragen, aber 1000 Watt sind viel besser, wenn Sie vorhaben, Schleifpapier mit einer gröberen Körnung als 120 zu verwenden.

Teil Fünf: Endmontage

SCHRITT 53: Schneiden Sie mit einer Lochsäge eine Öffnung in die Seitenwand des Gehäuses, sodass der Motor weit genug herausragt, um seine Riemenscheibe parallel zu der an der Trommelachse ausrichten zu können (**ABBILDUNGEN 58 UND 59**).

SCHRITT 54: Außerdem muss der Transporttisch abgenommen werden, um den Motor im Inneren des Gehäuses anbringen zu können (**ABBILDUNG 57**). Bringen Sie den Motor in die richtige Lage, und verwenden Sie dann ein Stück Schnur, um zu ermitteln wie lang der Antriebsriemen sein muss. Legen Sie erst den Riemen um die beiden Scheiben, und verschieben Sie dann den Motor, bis der Riemen stramm sitzt, bevor Sie den Motor an der Bodenplatte anschrauben (**ABBILDUNG 60**).

SCHRITT 55: Legen Sie eine günstige Stelle für einen Schalter fest. Bringen Sie an der Außenseite des Gehäuses einen Schalter in einer Gerätedose an, und lassen Sie sich von einem Fachmann dabei helfen, den Schalter mit dem Motor im Inneren zu verdrahten (**ABBILDUNG 61**).

SCHRITT 56: Bauen Sie den Rahmen der Staubabdeckung wie aus der Zeichnung zu ersehen (**ABBILDUNG 62**). Schneiden Sie ein Loch in den Deckel, in welches das Fitting Ihres Staubabsaugschlauches stramm passt (**ABBILDUNG 63**).

SCHRITT 57: Halten Sie die Staubabdeckung über die Rückseite der Trommelschleifmaschine, und markieren Sie die Lage der Scharniere an der rechten Seite. Falls Sie ein Stück Klavierband übrig haben, können Sie das verwenden, sonst gehen auch beliebige andere Scharniere (**ABBILDUNG 64**). Befestigen Sie an der anderen Seite eine Schließe (**ABBILDUNG 65**).

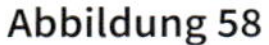

Abbildung 58

Abbildung 59

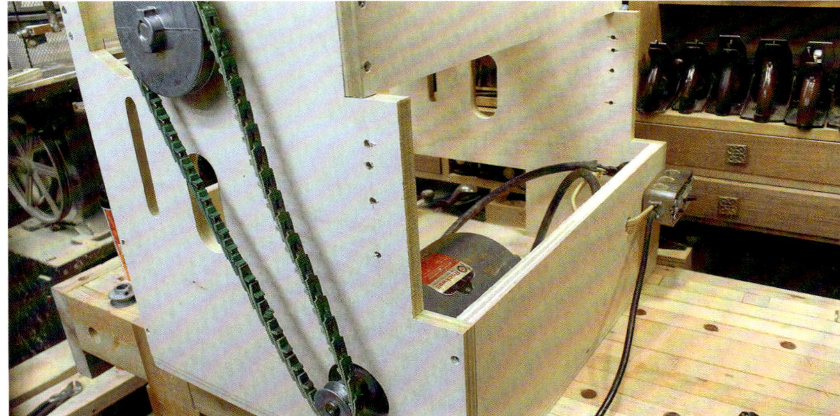

Abbildung 60

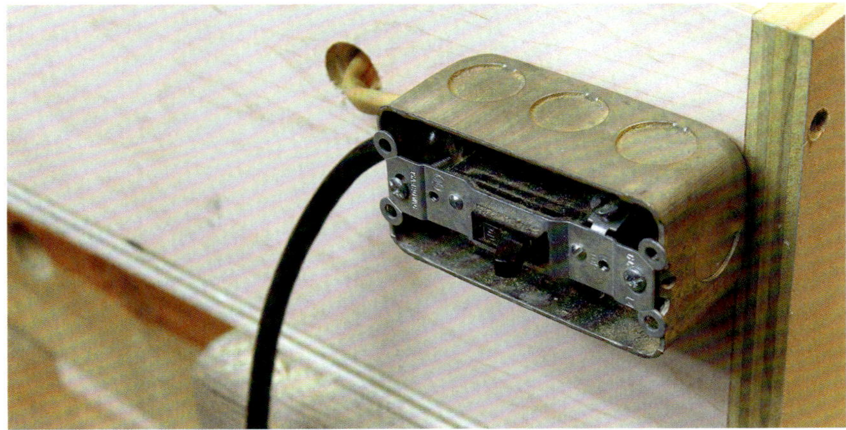

Abbildung 61

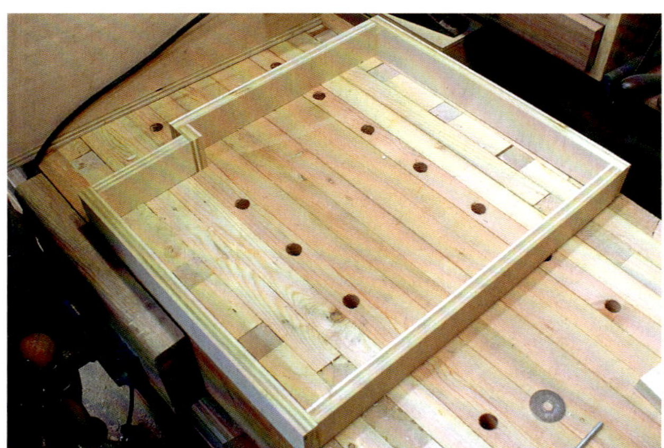

Abbildung 62

Abbildung 63

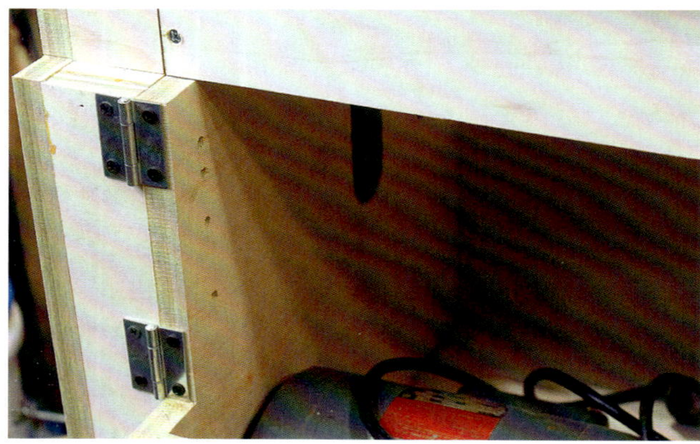

Abbildung 64

Abbildung 65

Abbildung 66

Abbildung 67

Abbildung 68

SCHRITT 58: Um die Staubabdeckung zu schließen, müssen Sie auf beiden Seiten in den Rahmen eine Ausklinkung für den Arbeitstisch der Schleifmaschine schneiden (**ABBILDUNG 66**).

SCHRITT 59: Um die Leistung der Staubabsaugung zu verbessern, kann man aus Restholz Abdeckungen für möglichst viele Öffnungen im Gehäuse anfertigen, etwa um die Riemenscheiben herum. Die Größe hängt von der Größe der Scheiben und des Motors ab, sollte also für Ihre Trommelschleifmaschine individuell festgelegt werden. Es kann hilfreich sein, eine Schablone aus Karton anzufertigen, bevor man die Abdeckungen aus Holz anfertigt (**ABBILDUNGEN 67 UND 68**).

SCHRITT 60: Legen Sie den Arbeitstisch auf die Schleiftrommel. Falls die Trommel das Holz berührt, bevor es an die Aluminiumflachstangen reicht, schneiden Sie an beiden Seiten des Schlitzes mit dem Stechbeitel eine Fase an. Unter Umständen ist dieser Schritt nicht nötig, es hängt davon ab, wie weit auseinander Sie die Flachstangen angebracht haben (**ABBILDUNG 69**).

SCHRITT 61: Am Teil Q müssen Sie in 20 mm Entfernung von einer Kante eine Nut schneiden. Sie sollte breit genug sein, dass ein Stück T-Nutschiene sich glatt darin verschieben lässt. Die Tiefe sollte so gewählt werden, dass die T-Nutschiene bündig mit der Holzoberfläche abschließt (**ABBILDUNG 70**).

SCHRITT 62: Schneiden Sie aus Sperrholz zwei Rechtecke mit den Maßen 50 x 75 mm. Bohren Sie in die Mitte jedes Stücks ein 20-mm-Loch, und stechen Sie dann eine Aufnahme für eine Mutter mit 20-mm-Gewinde frei. Die Tiefe der Aufnahme sollte in jedem Stück die Hälfte der Stärke der Mutter betragen (**ABBILDUNG 71**). Legen Sie eine Mutter ein, und leimen Sie die beiden Teile zusammen.

Abbildung 69

Abbildung 70

Abbildung 71

Abbildung 72

Abbildung 73

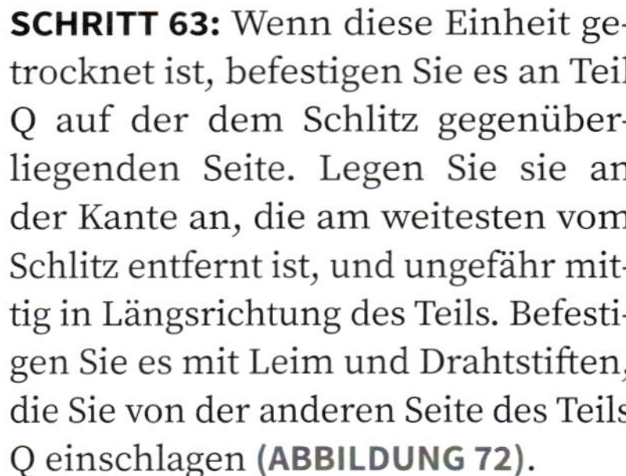

SCHRITT 63: Wenn diese Einheit getrocknet ist, befestigen Sie es an Teil Q auf der dem Schlitz gegenüberliegenden Seite. Legen Sie sie an der Kante an, die am weitesten vom Schlitz entfernt ist, und ungefähr mittig in Längsrichtung des Teils. Befestigen Sie es mit Leim und Drahtstiften, die Sie von der anderen Seite des Teils Q einschlagen (**ABBILDUNG 72**).

SCHRITT 64: Bohren Sie etwa auf zwei Drittel der Strecke vom Ende des Teils Q direkt durch die Mitte des Schlitzes ein 8-mm-Loch (**ABBILDUNG 72**).

SCHRITT 65: Befestigen Sie Teil S an der Unterseite des Transporttischs (**ABBILDUNG 73**). Verwenden Sie nur Schrauben, keinen Leim.

SCHRITT 66: Befestigen Sie ein 150 mm langes Stück T-Nutschiene an der Fläche der Platte unterhalb der Stelle, an der Sie das Teil S angebracht haben (am Gehäuse der Trommelschleifmaschine). Positionieren Sie es etwa 50 mm links von der Mitte, sodass ein Ende bis an die obere Kante der Platte reicht (**ABBILDUNG 74**).

SCHRITT 67: Stecken Sie eine 200 mm lange 20-mm-Schlossschraube in den gerade zusammengebauten Feineinsteller (**ABBILDUNG 72**). Sie können ihn dann an der Trommelschleifmaschine anbringen, indem Sie ihn über die T-Nutschiene schieben (**ABBILDUNG 74**) und mit einer T-Nutmutter und Flügelschraube arretieren. So lässt sich der Mechanismus schnell nach oben und unten verschieben und dann feststellen. Anschließend kann man die Feineinstellung des Transporttischs vornehmen, indem man das Ende der Schlossschraube dreht.

Abbildung 74

Abbildung 75

SCHRITT 68: Legen Sie den oberen Arbeitstisch auf die Trommelschleifmaschine, sodass das mit Scharnieren befestigte Teil über die Seite hängt, an welcher der Feineinsteller angebracht

Abbildung 76

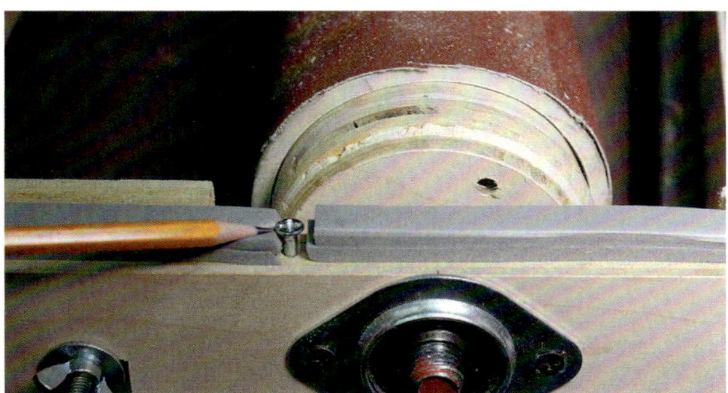

Abbildung 77

ist. Der Arbeitstisch wird auf der Schleiftrommel kippeln, halten Sie ihn also in etwa an Ort und Stelle, während Sie die Mittelpunkte der Befestigungsschlitze mit einem Bleistift markieren (**ABBILDUNG 75**).

SCHRITT 69: Nehmen Sie den Arbeitstisch wieder ab. Bohren Sie an den beiden markierten Stellen 5-mm-Löcher, und drehen Sie 6-mm-Stockschrauben ein, wie Sie es in Schritt 43 gemacht haben (**ABBILDUNG 76**).

SCHRITT 70: Legen Sie den Arbeitstisch wieder auf, und sichern Sie ihn mit Unterlegscheiben und zwei 6-mm-Flügenschrauben.

SCHRITT 71: Drehen Sie etwas links von der Schleiftrommel (wenn Sie so vor der Trommelschleifmaschine stehen, dass sich das Scharnier am Arbeitstisch zu ihrer Rechten befindet) eine 50-mm-Holzschraube in die Oberkante der Seitenwand. Gehen Sie an beiden Enden der Schleiftrommel so vor. Sie können die Schrauben tiefer eindrehen oder sie wieder herausdrehen, um die Höhe des Tischs im Verhältnis zur Schleiftrommel einzustellen. Größere Verstellungen nimmt man vor, indem man die Flügelmuttern löst und die Scharnierseite des Arbeitstischs anhebt oder absenkt (**ABBILDUNG 77**).

Gratis im Internet

Die Trommelschleifmaschine mag aussehen, als sei sie fertig, damit sie aber richtig funktioniert, müssen Sie noch einige Feineinstellungen vornehmen und die Trommeln ausbalancieren. Zum Glück haben wir ein Gratis-Video produziert, in dem diese Arbeiten gezeigt werden. Sie finden es auf stumpynubs.com/homemade-tools.html.

Große Bandsäge

Eine selbstgebaute Bandsäge, die viele kommerzielle Modelle weit in den Schatten stellt: 600 mm Durchlass, ein Schiebetisch und noch viel mehr!

9

Es gab einmal einen persönlichen Mount Everest für mich. Bevor ich überhaupt meine erste Vorrichtung gebaut hatte, träumte ich schon davon, irgendwann einmal eine Bandsäge aus Holz zu bauen. Ich dachte darüber nach. Ich redete davon. Ich dichtete Balladen über das Thema. Ich taufte meine Kinder um: Band und Säge. Ich habe Jahre damit verbracht, mich auf dieses Projekt vorzubereiten. Und als die Zeit dann schließlich gekommen war, war ich bereit. Ich bin stolz auf die ganzen Werkzeuge und Maschinen, die ich selbst gebaut habe – bis auf einen gewissen ferngesteuerten Hobel, über den ich nicht mehr sprechen möchte. Aber dieses ist bei weitem mein Lieblingsstück. Es mag zwar schwierigere Vorhaben geben, aber die Bandsäge ist etwas Besonderes. Neben der Handoberfräse ist es die vielseitigste Maschine in der Holzwerkstatt. Eine Bandsäge kann viele der Aufgaben der Tischkreissäge ausführen, aber umgekehrt kann die Tischkreissäge die Hälfte der Arbeiten der Bandsäge nicht bewältigen. Man kann Längs- und Querschnitte mit ihr ausführen, Bohlen zu Brettern auftrennen, Schweifschnitte sägen und die allerkleinsten Werkstück sicher schneiden. Die Bandsäge ist die unbesungene Heldin der Werkstatt. Sie steht da, kümmert sich um ihre eignen Angelegenheiten und macht einfach ihre Arbeit, wenn sie anfällt.

Ich bin nicht der erste, der sich seine eigene Bandsäge baut. Aber die meisten Bandsägen aus Eigenanfertigung sind lediglich hölzerne Kopien der kommerziell erhältlichen Versionen. Und wie die jungen Leute sagen: „Das macht mich nicht an." Ein Stück wie dieses zu bauen, bietet Gelegenheit, innovativ zu werden, Merkmale zu ergänzen, die man sich an kommerziellen Sägen wünscht. So frage ich mich zum Beispiel, warum es an einer Bandsäge keinen Schiebetisch gibt, wie man ihn an so vielen europäischen Tischkreissägen findet? Dadurch spart man sich einen Gehrungsanschlag und schafft die Voraussetzung für eine Vielzahl von Vorrichtungen, die man später für die Verwendung mit dem Schiebetisch konstruieren kann. Und wie steht es mit dem Durchlass? Die meisten Bandsägen schränken die Größe der Werkstücke ein, da der Durchlass mit 300 mm recht gering ist. Wenn man mehr braucht, muss man eine riesige Säge kaufen, was meist am Platz in der Werkstatt oder den Reserven auf dem Konto scheitert. Mit drei Rollen kann man aber eine Säge bauen, die einen sehr viel größeren Durchlass bietet, deren Außenabmessungen jedoch sogar geringer sind. Und die 250-mm-Rollen belasten die Sägeblätter nicht so stark wie andere Modelle mit drei Rollen. Das sind nur einige der Merkmale, mit denen ich den Entwurf meiner Säge ausgestattet habe.

Ich habe die Säge für den durchschnittlichen Holzwerker gebaut. Nur wenige möchten 300 mm starkes Rohholz zu Furnierblättern auftrennen, das Gestell der Säge muss also nicht den Spannungen gewachsen sein, die auftreten, wenn man ein 20-mm-Bandsägeblatt verwendet. Diese Säge sollte mit einem 10-mm-Blatt (oder einem noch schmaleren) ausgestattet werden, das perfekt für die meisten anderen Aufgaben geeignet ist. Es ist aber der große Durchlass, der sie von anderen Bandsägen abhebt. Wenn man sich der Vorteile bewusst wird, die mit diesem 600 mm Durchlass einhergehen, fragt man sich, wie man je mit 350 mm zurecht gekommen ist. Also: Rucksack packen, Eispickel greifen, und aufmachen, um diesen Berg zu erobern.

Bandsäge

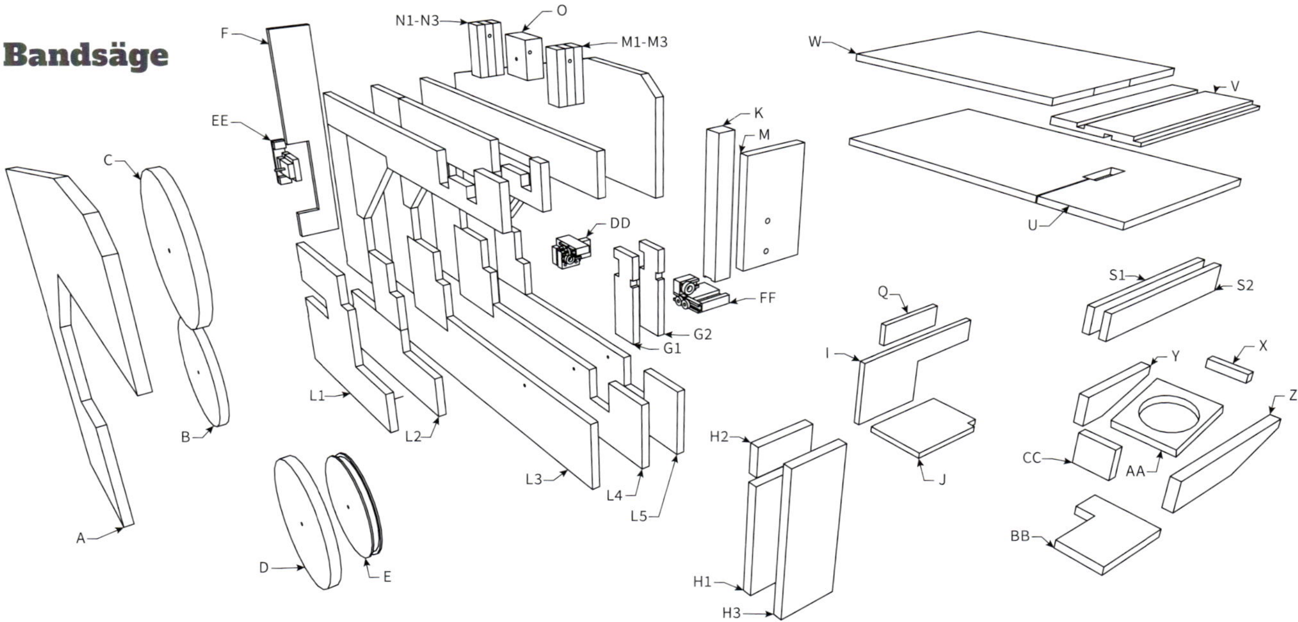

Materialliste

Anz.	Bauteil	Bezeichnung	Maße	Material
1	Vorderwand	A	840 x 980 mm	20-mm-Sperrholz
1	Riemenscheibe	E	230 x 230 mm**	20-mm-Sperrholz
1	Gestellwand links	F	175 x 695 mm	20-mm-Sperrholz
2	Untere Bandführungshalterungen	G1-G2	75 x 240 mm	20-mm-Sperrholz
1	Gestellwand rechts	H2	125 x 60 mm	20-mm-Sperrholz
1	Gestellwand rechts	H1	125 x 245 mm	20-mm-Sperrholz
1	Gestellwand rechts	H3	125 x 330 mm	20-mm-Sperrholz
1	Seitenwand Motor	I	225 x 500 mm	20-mm-Sperrholz
1	Grundplatte Motor	J	290 x 190 mm	20-mm-Sperrholz
1	Äußere Platte Führungsstange	M	55 x 210 mm	20-mm-Sperrholz
1	Tischstütze	Q	75 x 255 mm	20-mm-Sperrholz
2	Tischstützen	S1-S2	75 x 500 mm	20-mm-Sperrholz
1	Untere Tischplatte	U	520 x 845 mm	20-mm-Sperrholz
1	Obere Tischplatte	W	520 x 635 mm	20-mm-Sperrholz
1	Schiebetischplatte	V	520 x 255 mm	20-mm-Sperrholz
1	Rückwand Staubabsaugung	X	20 x 80 mm	20-mm-Sperrholz
1	Staubabsaugung linke Seitenwand	Y	200 x 60 mm	20-mm-Sperrholz
1	Staubabsaugung rechte Seitenwand	Z	325 x 60 mm	20-mm-Sperrholz
1	Staubabsaugung Vorderwand	CC	60 x 70 mm	20-mm-Sperrholz
1	Staubabsaugung Anschlussplatte	AA	120 x 130 mm	20-mm-Sperrholz
1	Staubabsaugung Boden	BB	180 x 135 mm	20-mm-Sperrholz
1	Grundplatte	Nicht dargestellt	980 x 500 mm	20-mm-Sperrholz
1	Oberer Rollenklotz	O	80 x 75 x 40 mm***	Laubholz
1	Obere Führungsstange	K	40 x 40 x 300 mm ***	Laubholz
6	Scheiben für Rollen	B-D	260 x 260 mm	12-mm-MDF
	Verschiedene kleine Laubholzreststück für die Teile DD-FF.			

* Die Teile für die fünf Lagen des Gestells (L1-L5) sind nicht in der Liste aufgeführt. Die Maße sind den entsprechenden Zeichnungen zu entnehmen.
** Die unregelmäßige Form dieses Teils bedeutet, dass auch mehrere kleine Teile in der Liste aus dem gleichen Stück geschnitten werden können, um Material zu sparen.
*** Um die erforderliche Stärke zu erreichen, können auch zwei oder mehr Lagen Laubholz aufeinander geleimt werden.

Beschläge und Hilfsmittel

Anz.	Teil
4	T-Nutschiene, Aluminium, 610 mm lang
6	Kleine Kugellager (gebraucht von einem alten Paar Inline-Rollerskates oder neu gekauft)
3	Hochwertige gekapselte Kugellager mit 20 mm Innendurchmesser
3	Befestigungsflansch in passender Größe für die Kugellager (können auch aus Laubholz selbst hergestellt werden)
3	20-mm-Maschinenschrauben, 100 mm lang
2	Abstandshalter aus Stahl, 20 mm Innendurchmesser, 25 mm lang
1	Abstandshalter aus Stahl, 20 mm Innendurchmesser, 50 mm lang
1	10-mm-Maschinenschraube, 100 mm lang
	Mehrere Unterlegscheiben mit 20 mm Innendurchmesser für die Achse
1	Langsam (etwa 1700 UpM) laufender Elektromotor, 0,35-0,7 kW
1	Gliederkeilriemen Man kann auch einen normalen Keilriemen verwenden, muss dann allerdings mit einer Schnur die richtige Länge ermitteln (siehe Schritt 37). Das kann fehlerträchtig sein, weshalb ein Gliederkeilriemen vorzuziehen ist.
1	Bandsägeblatt, 2630 mm lang

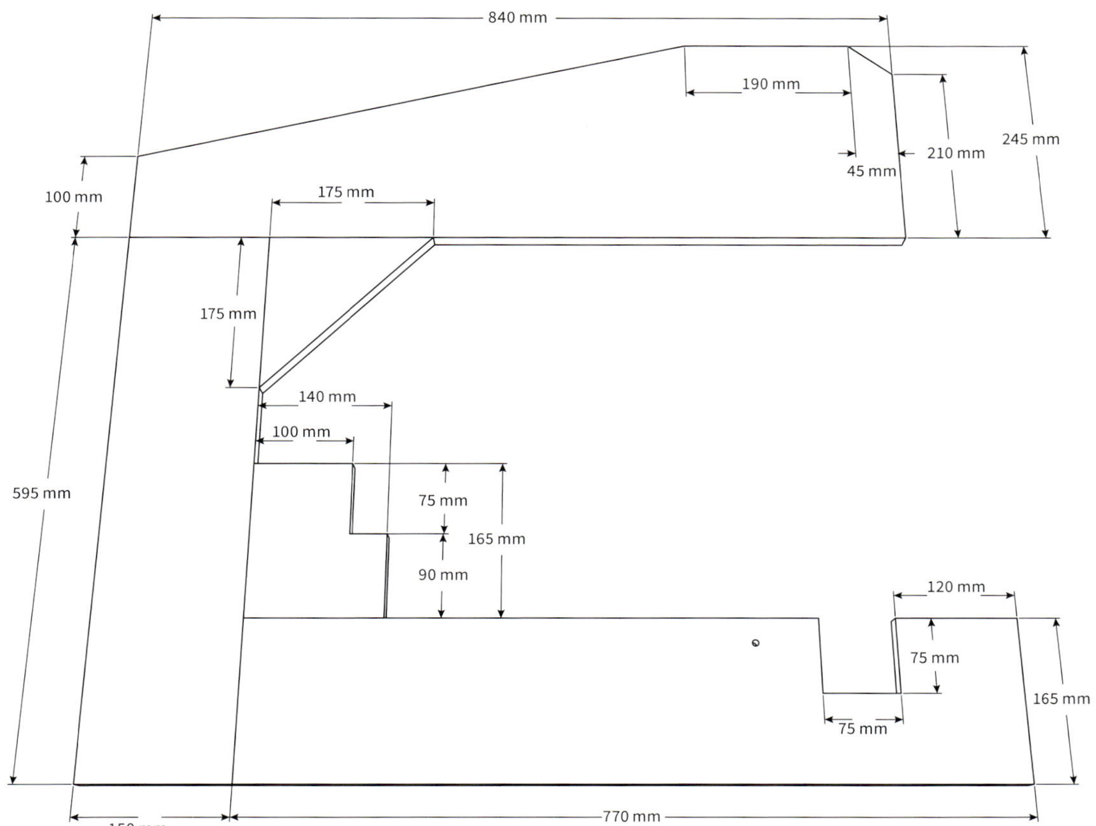

Gestell Lage 1

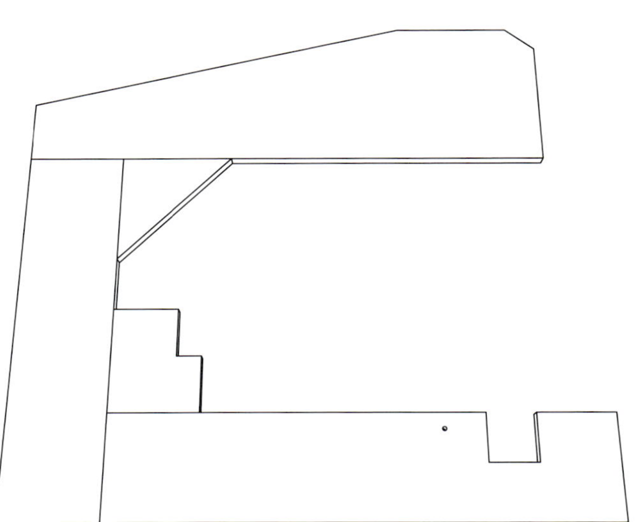

Das Verleimen des Gestells

Das Gestell besteht aus miteinander verleimten Schichten, um die Menge des Verschnitts gering zu halten. Diese Schichten sind nicht in der Materialliste aufgeführt. Ordnen Sie die Teile nach Wunsch auf der Sperrholzplatte an, aus der sie geschnitten werden sollen. Die Faserrichtung spielt keine Rolle.
Am besten ist 20-mm-Sperrholz aus harten Hölzern (Buche) für den Möbelbau geeignet. Legen Sie die Teile für eine Schicht auf eine ebene Fläche und tragen Sie Leim die Flächen auf. Geben Sie auch Leim auf die Teile der nächsten Sicht, die darauf zu liegen kommen wird. Befestigen Sie jede Schicht mit Drahtstiften oder Schrauben an der darunterliegenden, damit die Teile sich nicht verschieben, wenn Sie die nächste Schicht auflegen. Achten Sie darauf, jede Schicht richtig aufzulegen, und kontrollieren Sie auf Rechtwinkligkeit, bevor Sie zur nächsten fortschreiten.

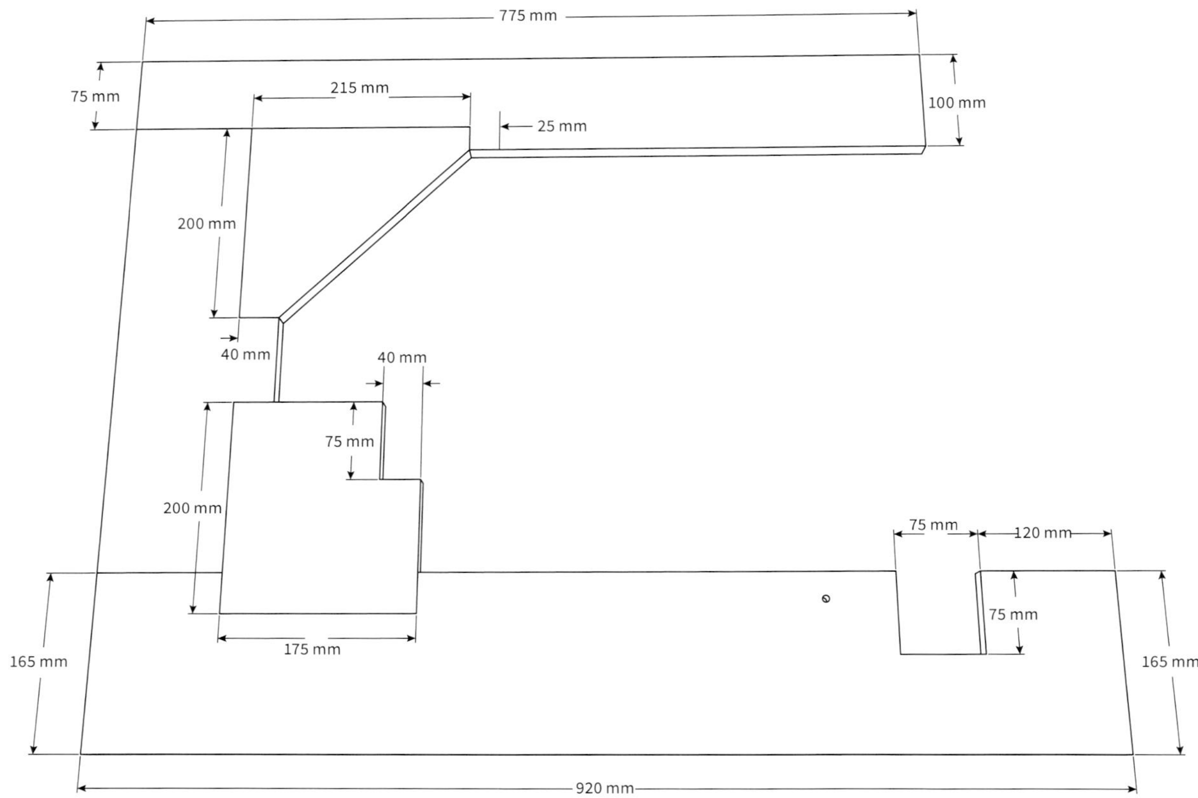

Gestell Lage 2

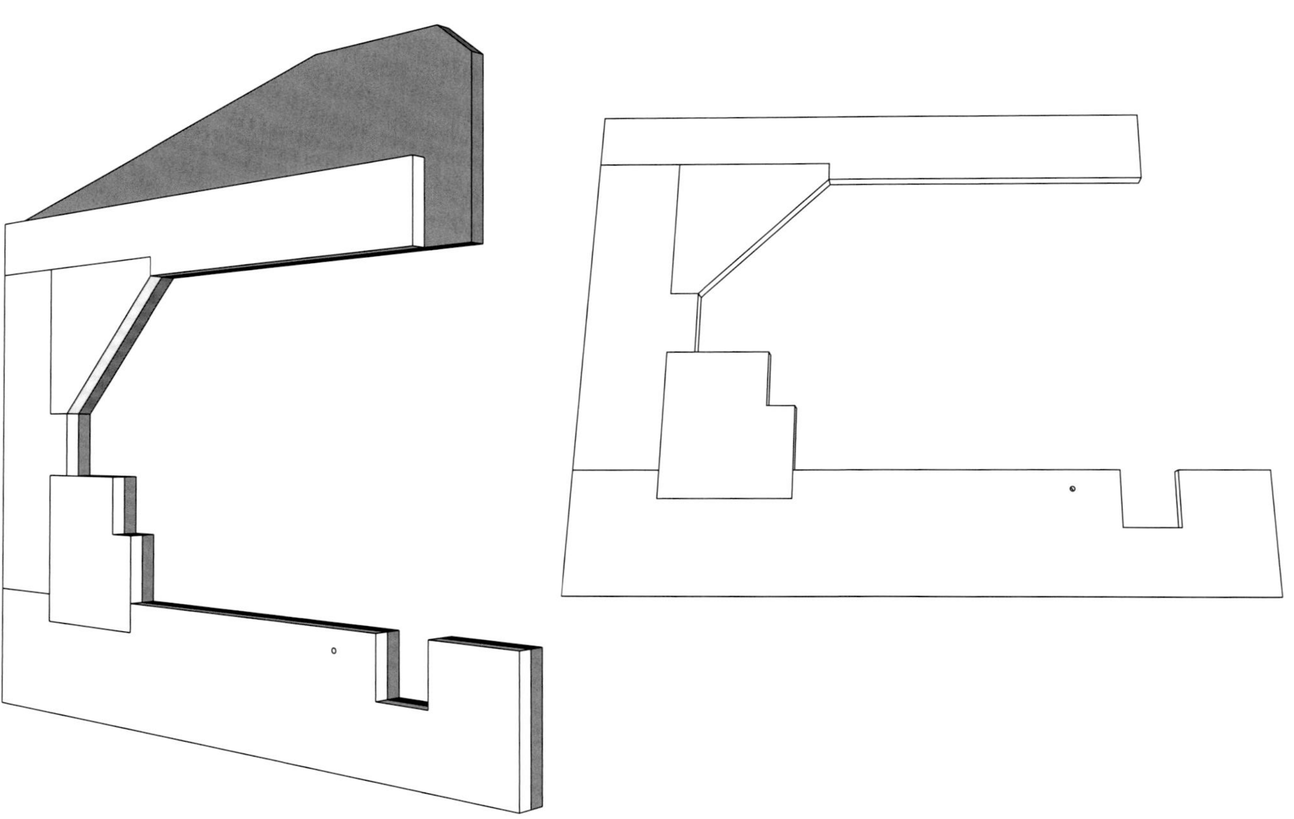

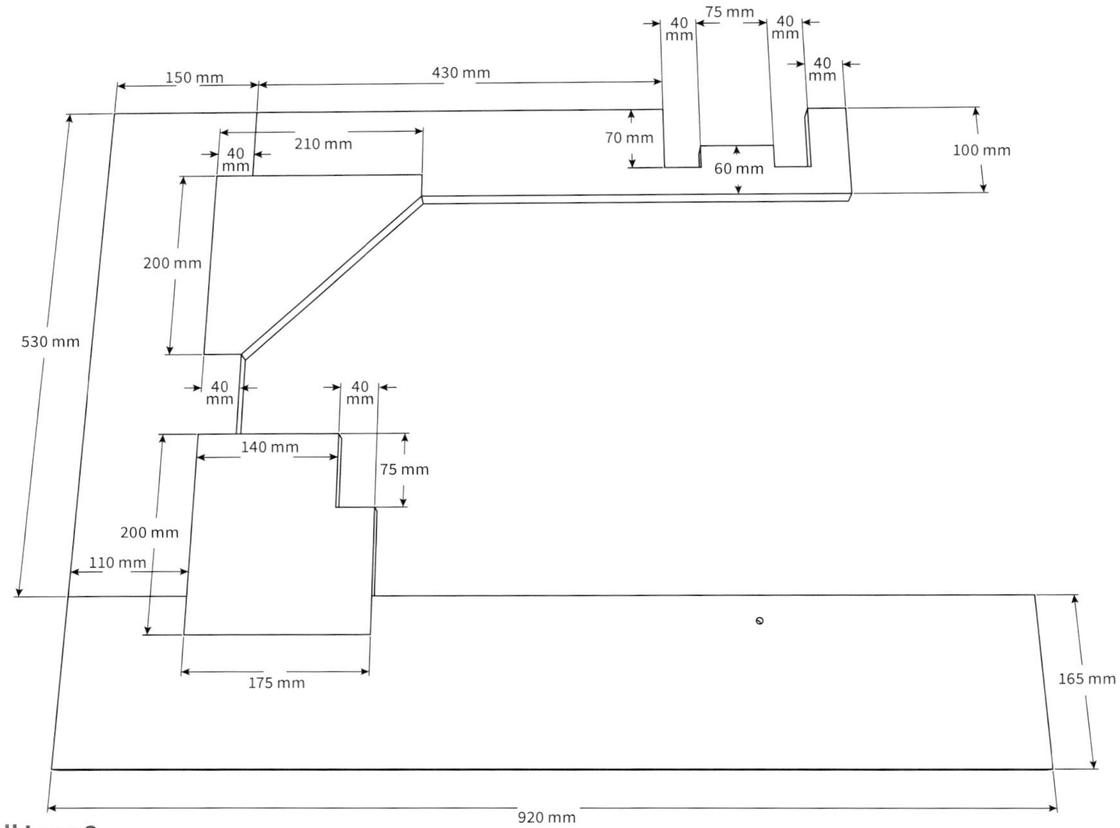

Gestell Lage 3

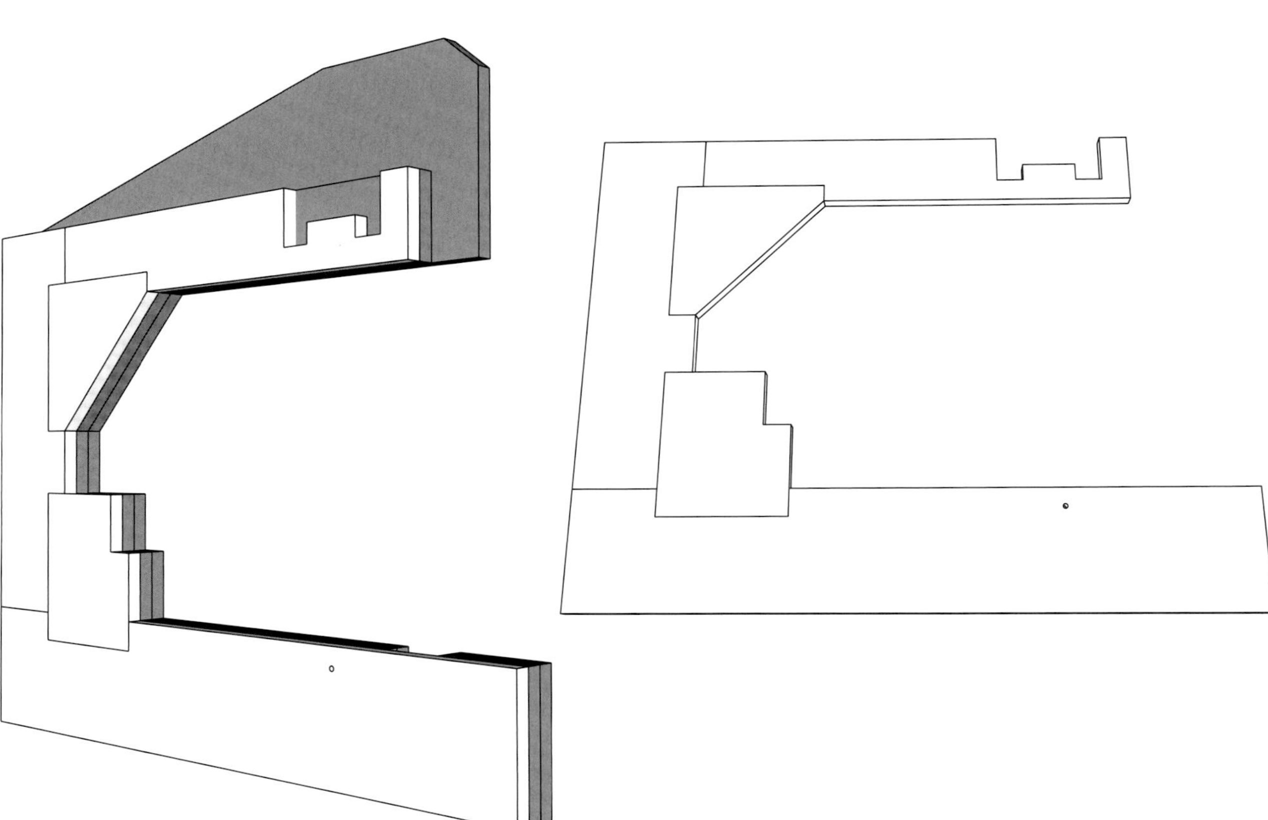

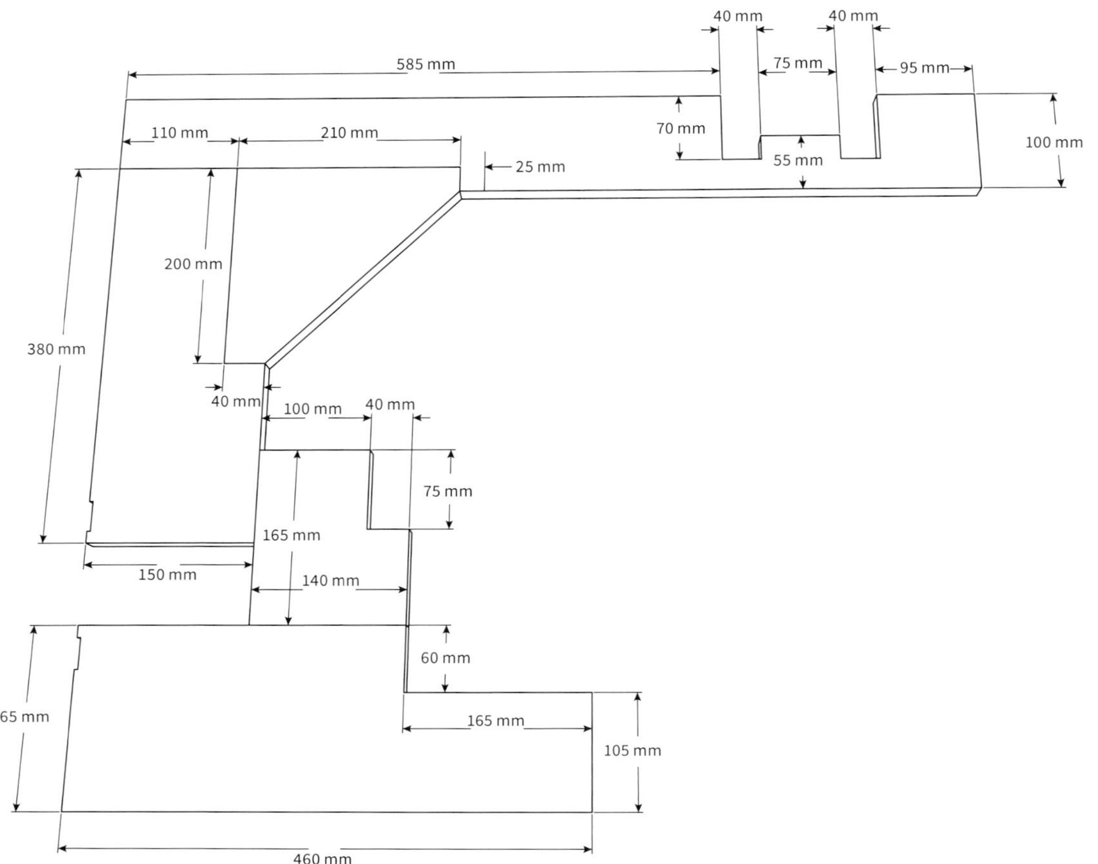

Gestell Lage 4

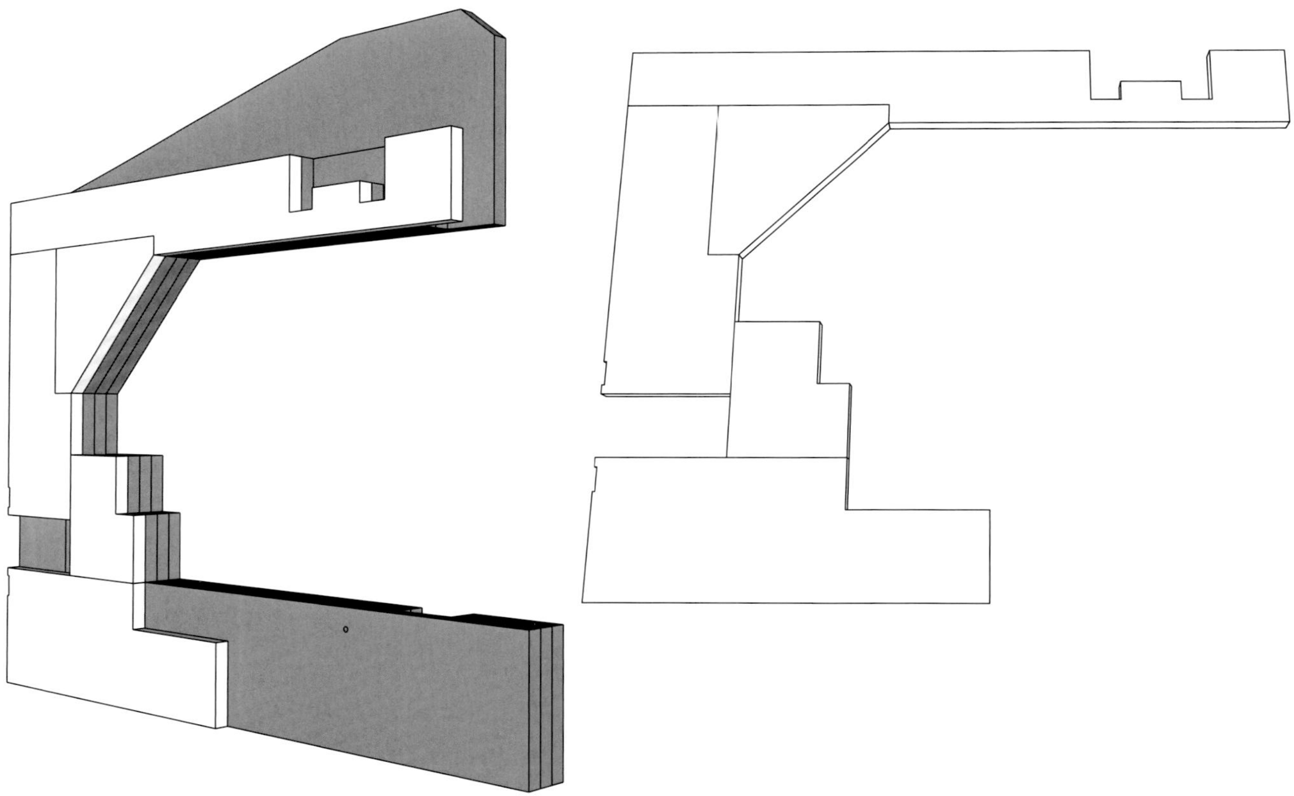

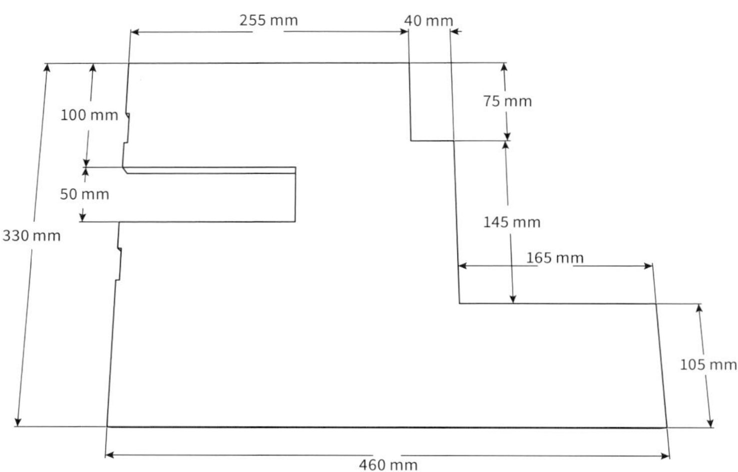

Gestell Lage 5

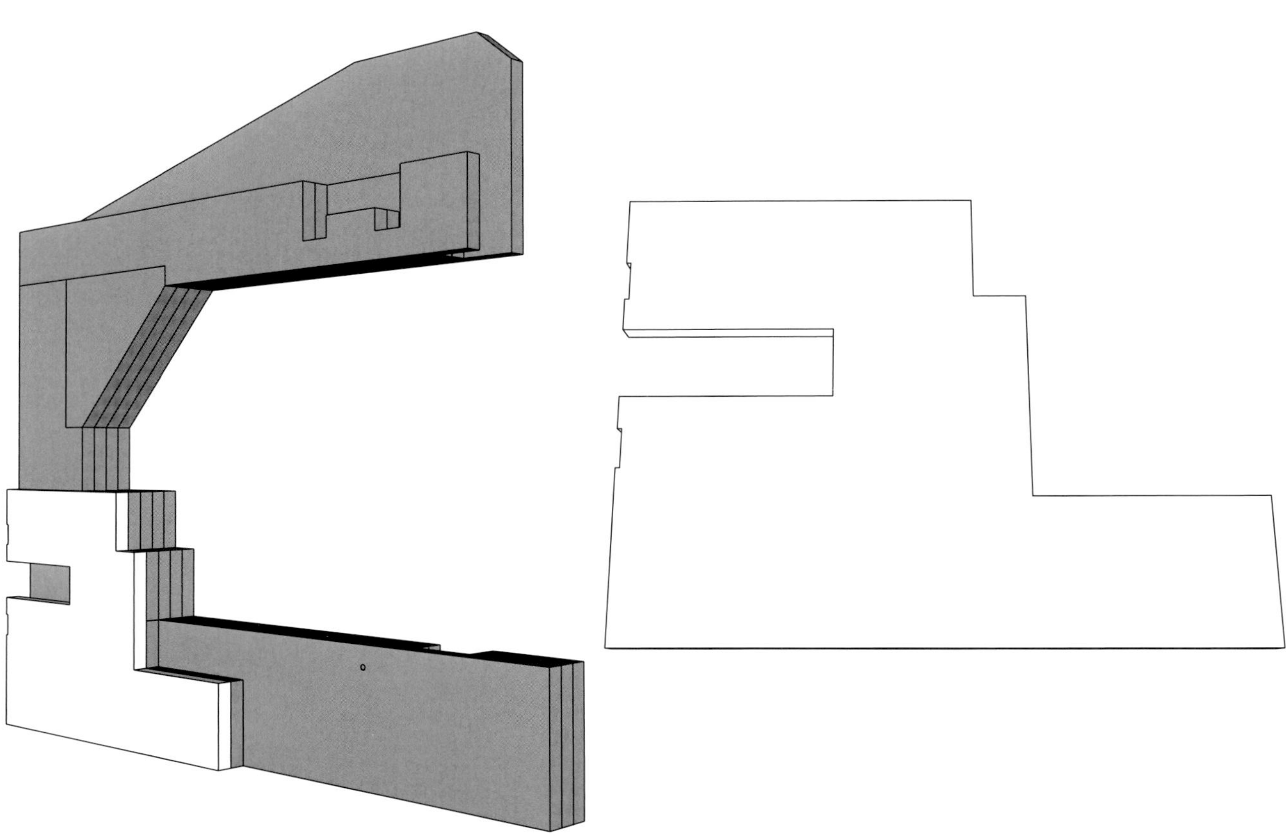

Teil Eins: Das Gestell

Das Gestell wird aus Lagen verleimt und bildet so die Nuten und Ausschnitte, die später benötigt werden, um Maschinenteile anzubringen. Im Kastentext „Das Verleimen des Gestells" auf Seite 125 finden Sie weitere Hinweise.

SCHRITT 1: Schneiden Sie alle Lagen des Gestells auf die vorgegebenen Maße. Führen Sie die Schnitte sorgfältig und genau aus.

SCHRITT 2: Legen Sie die Teile für die erste Lage auf einer ebenen Fläche zurecht. Geben Sie Leim an diese Teile und dann an die korrespondieren Flächen aller Teile von Lage 2 an. Legen Sie die Teile von Lage 2 auf die Lage 1, und richten Sie alle Teile sorgfältig aus. Sichern Sie die Verbindungen mit einigen Schrauben oder Nägeln.

SCHRITT 3: Wiederholen Sie den Vorgang mit jeder der fünf Lagen. Kontrollieren Sie immer die Ausrichtung der Teile, bevor Sie Schrauben oder Nägel anbringen.

SCHRITT 4: Befestigen Sie die Platte F mit Schrauben an der Rückseite des Gestells **(ABBILDUNG 2)**.

SCHRITT 5: Verleimen Sie die Teile G1 und G2 miteinander, und leimen Sie diese Einheit dann in die Ausklinkung an der Rückseite des Gestells. Schneiden Sie die Ausklinkungen wie in **ABBILDUNG 3** zu sehen. Die größere der beiden Ausklinkungen in den Teilen G1 und G2 sollte zur Rückseite des Gestells weisen **(ABBILDUNG 4)**.

SCHRITT 6: Leimen Sie Teil H1 so an Teil H3, dass die Unterkanten fluchten, und leimen Sie dann Teil H2 über Teil H1 an, sodass es mit der Oberkante von Teil H3 fluchtet und etwa 20 mm zwischen H2 und H1 frei bleiben. Befestigen Sie die gesamte Einheit H mit Schrauben am unteren rechten Ende des Gestells **(ABBILDUNG 5)**.

Abbildung 1

Abbildung 2

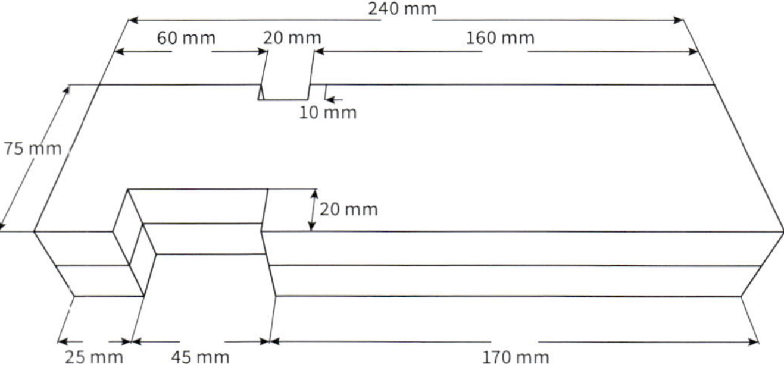

Abbildung 3

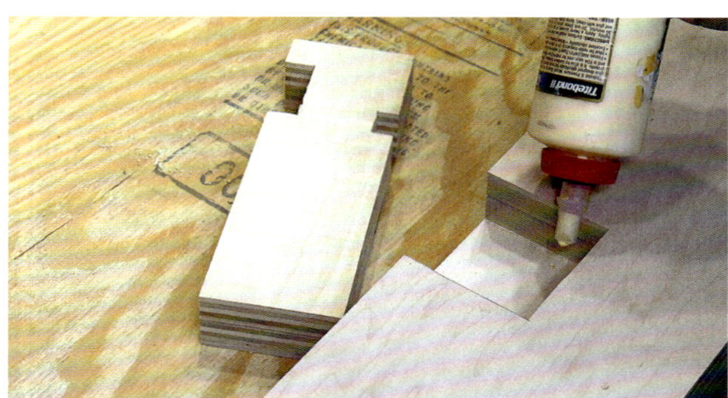

Abbildung 4

Abbildung 5

Teil Zwei: Die Rollenhalterungen

Abbildung 6

Abbildung 7

Abbildung 8

Abbildung 9

Abbildung 10

SCHRITT 7: Die Teile N1-N3 und M1-M3 können aus Sperrholzlagen verleimt werden, wie in der Explosionszeichnung zu sehen, oder man schneidet sie aus Laubholz zu (**ABBILDUNGEN 5 UND 6**). Auf jeden Fall benötigt man zwei Klötze mit den Abmessungen 55 x 38 x 110 mm. Bohren Sie in 25 mm Entfernung vom Ende ein 8-mm-Loch mittig durch die 55 mm lange Seite jedes Klotzes (**ABBILDUNG 6**).

SCHRITT 8: Teil O sollte aus Laubholz bestehen, man kann jedoch zwei Teile miteinander verleimen, um auf die Stärke von 38 mm zu kommen. Die Breite sollte 75 mm und die Höhe 80 mm betragen. Bohren Sie in 25 mm Entfernung von der Oberseite und 28 mm Entfernung von der Rückseite ein 8-mm-Loch durch die 38 mm lange Seite (**ABBILDUNG 6**).

SCHRITT 9: Legen Sie Teil O mit der Vorderseite (die Seite, die dem soeben gebohrten Loch am nächsten liegt) nach oben auf den Arbeitstisch der Ständerbohrmaschine. Messen Sie von der Oberkante (die Sie als Bezugskante beim Bohren des Lochs im letzten Schritt verwendet haben) mittig in der Seite 70 mm nach unten. Bohren Sie an diesem Punkt ein 20-mm-Loch (**ABBILDUNG 7**).

SCHRITT 10: Leimen Sie die Teile N und M in die Ausklinkungen an der vorderen Oberseite des Gestells. Positionieren Sie die Teile so, dass die Flächen, die den Bohrlöchern am nächsten sind, nach außen weisen (**ABBILDUNG 8**).

SCHRITT 11: Schieben Sie Teil O zwischen die Teile N und M, und richten Sie die Löcher aneinander aus (**ABBILDUNG 9**). Stecken Sie eine lange 6-mm-Gewindeschraube oder ein Stück Gewindespindel durch die Löcher in allen drei Teilen.

SCHRITT 12: Drehen Sie Teil O um, sodass Sie das Gestell dahinter sehen können. Bohren Sie ein Loch durch das Gestell, das etwa mittig und 70 mm von der Oberkante entfernt liegt. Das Loch sollte groß genug sein, um eine 6-mm-Einschraubmutter aufzunehmen (**ABBILDUNG 10**).

Abbildung 11

Abbildung 12

Abbildung 13

Abbildung 14

SCHRITT 13: Drehen Sie eine Einschraubmutter in das Bohrloch hinter Teil O, und schrauben Sie eine Schlossschraube durch die Einschraubmutter und auf der Rückseite des Gestells heraus (**ABBILDUNG 11**).

SCHRITT 14: Für die Baueinheit EE benötigen Sie Laubholzklötze in den Abmessungen 75 x 75 mm und 50 x 75 mm. Der kleinere Klotz sollte 20 mm stark sein, der größere jedoch etwas dünner, damit sich die Einheit nach dem Einbau leicht verschieben lässt. Nehmen Sie an der Tischkreissäge mit einem Schnitt etwa 3 mm von der Stärke ab. Verwenden Sie zur eigenen Sicherheit einen geeigneten Schiebeklotz! Bohren Sie jeweils mittig ein 20-mm-Loch durch den kleineren Klotz und ein 25-mm-Loch durch den größeren. Geben Sie Leim an, und leimen Sie den kleineren Klotz auf den größeren (**ABBILDUNG 12**).

SCHRITT 15: Bohren Sie in der Mitte des oberen Klotzes und etwa 12 mm vom 20-mm-Loch ein 10-mm-Loch durch die Baueinheit EE (**ABBILDUNG 13**).

SCHRITT 16: Bohren Sie ein 8-mm-Loch durch das Ende der Baueinheit, sodass es sich mit dem zuvor gebohrten Loch kreuzt (**ABBILDUNG 13**).

Abbildung 15

SCHRITT 17: Stechen Sie das 25-mm-Loch auf der Unterseite der Baueinheit nach, um den Kopf einer 20 x 100-mm-Schraube aufzunehmen (**ABBILDUNG 14**).

SCHRITT 18: Stecken Sie eine Rohrmutter mit 6 mm Innendurchmesser in das 10-mm-Loch. Geben Sie etwas Epoxidklebstoff an das Ende einer 6-mm-Gewindespindel, und schieben Sie sie durch das Loch im Ende der Baueinheit bis in die Rohrmutter. Geben Sie dem Klebstoff Zeit zu trocknen (**ABBILDUNG 15**).

Abbildung 16

SCHRITT 19: Schneiden Sie sechs Streifen Laubholz auf die Maße 38 x 150 x 3 mm. Verwenden Sie Holz mit geradem Faserverlauf in Längsrichtung der Streifen. Bohren Sie genau in die Mitte jedes Streifens ein 6-mm-Loch. Wenn der Klebstoff in der Baueinheit für die hintere Rolle getrocknet ist, stecken Sie diese in den Schlitz in der Rückseite des Gestells. Stecken Sie vier oder fünf der Laubholzstreifen auf das Ende der Gewindespindel. Platzieren Sie zwei Holzklötze (25 x 38 mm) zwischen den Enden der Streifen und dem Gestell, sodass sie in den kleinen Vertiefungen liegen. Drehen Sie eine 6-mm-Flügelschraube und eine Unterlegscheibe auf die Gewindespindel **(ABBILDUNG 16)**. Später wird die hintere Rolle installiert, indem man einen 25-mm-Abstandshalter aus Stahl auf die 20 x 100-mm-Schraube steckt, dann die Rolle und schließlich eine Mutter aufdreht. Geben Sie Unterlegscheiben zwischen den Abstandshalter und den Laubholzklotz, bis die Rolle in der gleichen Ebene liegt wie die obere Rolle.

Teil Drei: Die Rollen und der Motor

SCHRITT 20: Schneiden Sie aus 12-mm-MDF sechs 250-mm-Scheiben. Lassen Sie sich Zeit, um möglichst gleichmäßig runde Scheiben zu erhalten. Sie können zuerst dicht an einen mit dem Zirkel angezeichneten Riss schneiden, und dann den restlichen Verschnitt mit einer Scheibenschleifmaschine oder einem stationären Bandschleifer allmählich abnehmen, bis die Scheiben perfekt kreisrund sind. Leimen Sie die Scheiben paarweise zusammen, um drei Rollen aus je zwei 12-mm-Schichten zu erhalten **(ABBILDUNG 17)**.

SCHRITT 21: Verwenden Sie einen Forstner- oder Spatenbohrer der gleichen Größe wie Ihre Kugellager, um in die Mitte jeder Scheibe ein Sackloch zu bohren. Die Sacklöcher sollten gerade tief genug sein, dass der Flansch auf der Oberfläche der Rolle ruht, wenn Sie ihn über dem Kugellager anbringen. Die genaue Tiefe des Sacklochs wird von der Stärke des Kugellagers und der Tiefe des Flanschs bestimmt, das über dem Lager liegt. Bohren Sie etwas, kontrollieren Sie die Passung, und bohren Sie dann gegebenenfalls tiefer. Es kann am besten sein, die perfekte Bohrtiefe an einem Stück Restholz zu ermitteln, und dann den Bohrtiefeneinsteller der Ständerbohrmaschine festzustellen, bevor man in die Rollen bohrt. Es ist wichtig, nicht zu tief zu bohren **(ABBILDUNGEN 17 UND 18)**.

SCHRITT 22: Bohren Sie mit einem 25-mm-Bohrer ganz durch die Mitte der Sacklöcher **(ABBILDUNG 17)**. Bringen Sie schließlich in jeder Rolle mit den Flanschen ein Kugellager an **(ABBILDUNG 18)**. Hinweis: Falls Sie keine Flansche aus Stahl haben, können Sie auch selbst welche aus Laubholz herstellen.)

Abbildung 17

Abbildung 18

SCHRITT 23: Legen Sie die Rollen vorerst beiseite, und schneiden Sie aus 20-mm-Sperrholz eine 230-mm-Scheibe. Bohren Sie ein 3 mm tiefes 25-mm-Sackloch in die Mitte **(ABBILDUNG 19)**. Bohren Sie dann mit einem 6-mm-Bohrer in der Mitte des Sacklochs ganz durch das Sperrholz.

SCHRITT 24: Stecken Sie eine 6-mm-Schlossschraube durch das Mittelloch, und arretieren Sie sie mit einer Mutter. Spannen Sie damit die Scheibe im Bohrfutter der Ständerbohrmaschine ein **(ABBILDUNG 20)**.

SCHRITT 25: Schalten Sie die Bohrmaschine ein, und verwenden Sie ein Multifunktionswerkzeug oder eine Bohrmaschine mit einem Raspel-Bit, um eine Nut in den Umfang der Scheibe zu schneiden. Am besten ist ein konisches Bit, um eine V-förmige Nut zu schneiden, die einen Gliederriemen aufnehmen kann. Üben Sie zuerst nur geringen Druck aus, bis Sie eine Kerbe in die Mitte der Scheibenkante geschnitten haben, und erhöhen Sie dann den Druck, um die Kerbe zu einer Nut zu vertiefen **(ABBILDUNG 20)**. Kontrollieren Sie gelegentlich, wie der Gliederriemen in die Nut passt – er sollte den Nutgrund nicht berühren.

SCHRITT 26: Verputzen Sie die hölzerne Antriebsscheibe, und geben Sie der Nut mit einem gefaltetem Stück groben Schleifpapier seine endgültige Form **(ABBILDUNG 21)**.

SCHRITT 27: Spannen Sie die Scheibe aus, wenn Sie mit der Nut zufrieden sind. Setzen Sie einen 25-mm-Bohrer in die Ständerbohrmaschine ein, und passen Sie ihn in die leichte Vertiefung ein, die Sie in die Mitte der Antriebsscheibe gebohrt haben, bevor Sie die Nut geschnitten haben. Bohren Sie das Loch ganz durch die Scheibe hindurch **(ABBILDUNG 22)**.

SCHRITT 28: Richten Sie die hölzerne Antriebsscheibe sorgfältig am Mittelloch einer der Rollen aus. Befestigen Sie die Antriebsscheibe und die Rolle aneinander, indem Sie zwei Schrauben durch die Scheibe bis in der Rolle drehen. Geben Sie keinen Leim an!

Abbildung 19

Abbildung 20

Abbildung 21

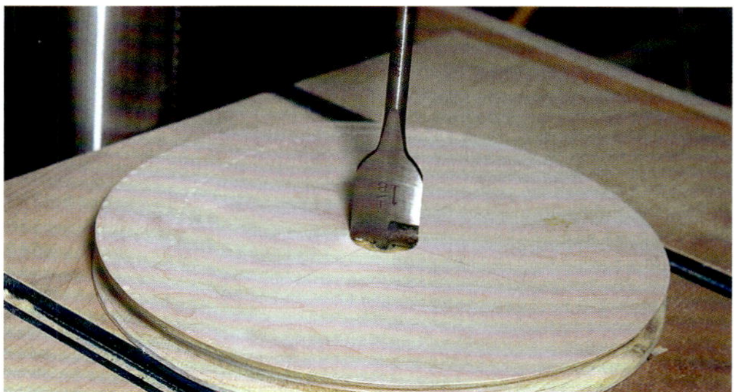

Abbildung 22

Abbildung 23

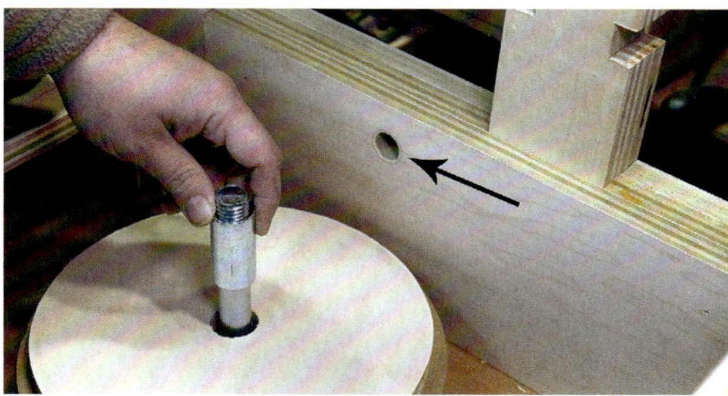

Abbildung 24

Abbildung 25

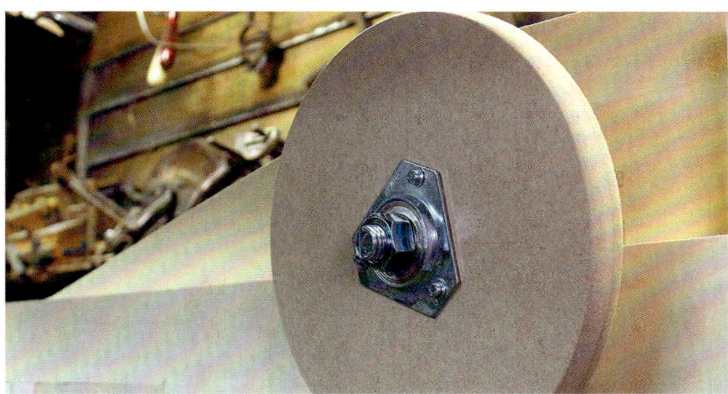

Abbildung 26

SCHRITT 29: Jetzt müssen Sie ein 20-mm-Loch durch das Gestell bohren. Die Bohrung muss genau senkrecht verlaufen. Falls Sie also eine Handbohrmaschine verwenden, setzen Sie eine Vorrichtung ein, die sicherstellt, dass der Bohrer senkrecht auf die Fläche des Gestells trifft. Sie können auch mit Hilfe eines Freundes das Gestell auf die Ständerbohrmaschine heben **(ABBILDUNG 23)**. Spannen Sie es fest, und kontrollieren Sie, ob der Arbeitstisch genau waagerecht steht, bevor Sie das Loch bohren. Die Bohrung wird am unteren waagerechten Teil des Gestells angebracht, 25 mm von der Oberkante und 260 mm von der rechten Seite (Innenfläche des Teils H) **(ABBILDUNG 24)**. Das Loch sollte sich dann direkt unter dem Loch in der darüber liegenden oberen Rollenhalterung liegen.

SCHRITT 30: Kippen Sie den oberen Rollenhalterungsklotz (Teil O) nach oben, damit Sie eine 20-mm-Schraube so durch das Loch in der Mitte stecken können, dass das Gewinde nach außen weist. Stecken Sie einen 20 mm langen Abstandshalter aus Stahl auf das Ende mit dem Gewinde, und bringen Sie eine der vorgearbeiteten Rollen (die in Schritt 41 fertig geformt und dann wieder montiert wird) an, und sichern Sie sie mit einer Mutter **(ABBILDUNGEN 25 UND 26)**.

SCHRITT 31: Ziehen Sie die Neigungsverstellmutter hinter dem Halterungsklotz an, bis die obere Rolle waagerecht steht.

SCHRITT 32: Stecken Sie eine 20 x 100 mm-Schraube durch das Lager und auf der Seite mit der Antriebsscheibe heraus. Stecken Sie einen 50-mm-Abstandshalter auf das Ende der Schraube und dann die Schraube in das Loch im Gestell. Drehen Sie auf der Rückseite des Gestells eine Mutter auf, und ziehen Sie sie mit der Hand an **(ABBILDUNG 24)**.

HINWEIS: Die Abstandshalter aus Stahl sollten durch das Loch in der Mitte jeder Rolle geführt werden und den Innenring des Kugellagers berühren.

SCHRITT 33: Bringen Sie die Bodenplatte mit Schrauben unten am Gestell an. Die Hinterkante des Gestells sollte 150 mm von der Hinterkante der Bodenplatte auf dieser stehen **(ABBILDUNG 30)**.

Abbildung 27

Abbildung 28

Abbildung 29

SCHRITT 34: Die Motorlagerung besteht aus den Teilen I, J und Q. Sie wird jetzt angebracht. Die Teile sind in der Materialliste aufgeführt. Allerdings müssen nach Maßgabe der **ABBILDUNG 31** noch Teile von I und J abgeschnitten werden.

SCHRITT 35: Befestigen Sie Teil Q an der Oberkante von Teil I, und platzieren Sie sie dann an der vorgesehenen Stelle in das Gestell. Die Platte J wird wie dargestellt an der Unterkante von I befestigt. Achten Sie darauf, dass die gesamte Baueinheit senkrecht zum Gestell ausgerichtet ist, und befestigen Sie sie mit Schrauben **(ABBILDUNGEN 27 UND 28)**.

SCHRITT 36: Kontrollieren Sie mit einem Richtscheit die Lage der oberen und unteren Rolle **(ABBILDUNG 29)**. Wahrscheinlich müssen Sie hinter der unteren Rolle einige Unterlegscheiben zwischen dem Abstandshalter und dem Gestell aufziehen, um die beiden Rollen in die gleiche Ebene zu bringen.

SCHRITT 37: Stellen Sie den Motor auf seine Platte, und richten Sie die Riemenscheibe am Motor an der Riemenscheibe der unteren Rolle aus. Die Kante des Motorgehäuses sollte mit der Kante der Motorplatte fluchten, die der Rolle am nächsten ist. Kürzen Sie den Gliederriemen auf die entsprechende Länge **(ABBILDUNGEN 32 UND 33)**.

Abbildung 30

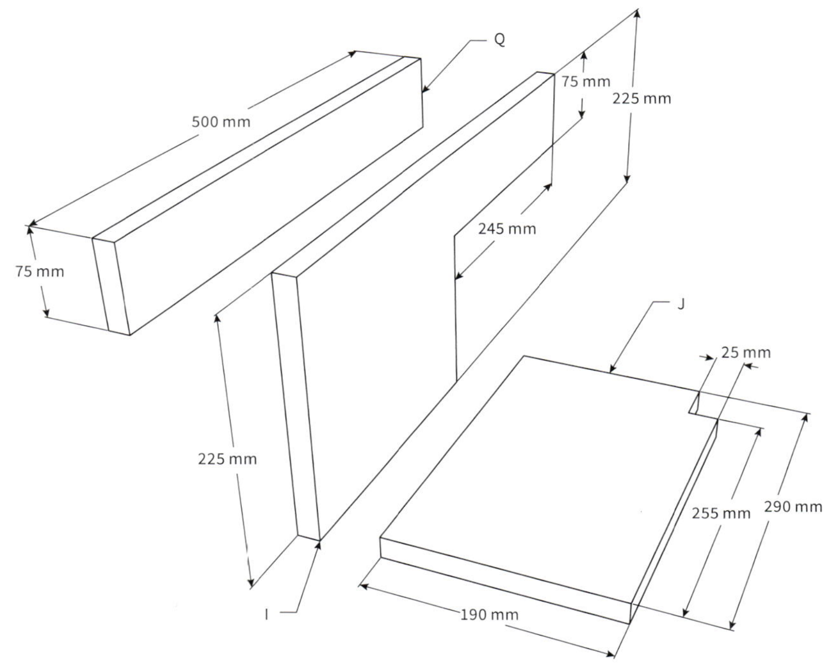

Abbildung 31

Abbildung 32

Abbildung 33

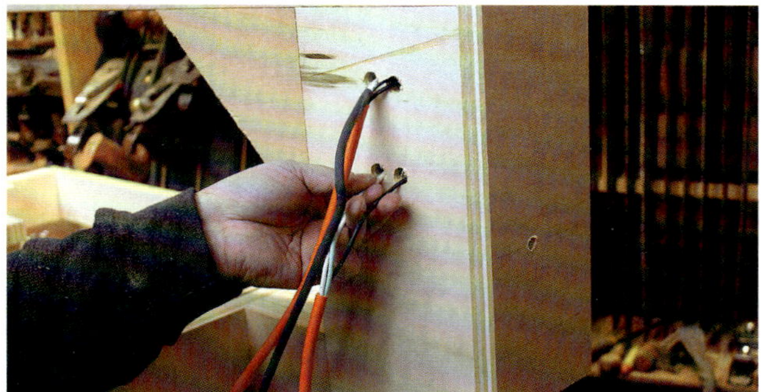

Abbildung 34

Abbildung 35

Abbildung 36

Abbildung 37

SCHRITT 38: Ziehen Sie den Gliederriemen über die beiden Riemenscheiben, und schieben Sie dann den Motor von der Rolle fort, um ihn stramm zu ziehen. Übertragen Sie die Lage der Befestigungslöcher vom Motorgehäuse auf die Motorplatte. Falls das Gehäuse Langlöcher zu Befestigung hat, markieren Sie die Enden der Löcher, die am weitesten von der Rolle liegen, sodass Sie den Gliederriemen gegebenenfalls noch weiter anziehen können. Nehmen Sie den Motor ab, bohren Sie 6-mm-Löcher durch die Motorplatte, und befestigen Sie den Motor mit 6-mm-Schrauben und Muttern **(ABBILDUNG 33)**.

SCHRITT 39: Lassen Sie sich von einem Fachmann beraten, wenn Sie den Motor anschließen. Die Leitungen sollten am besten hinter dem Gestell mit Krampen angebracht werden. Nehmen Sie die Rückwand eines Schalterkastens ab, und befestigen Sie ihn an einer günstigen Stelle an der Vorderseite des Gestells. Bohren Sie Löcher durch das Gestell, um die Leitungen von hinten durch die Ausstanzungen im Schalterkasten geführt werden können. Bringen Sie einen Schalter und eine Deckplatte auf dem Schalterkasten an **(ABBILDUNGEN 34 UND 35)**.

Die Rollen eiern?

Falls die Rollen Ihrer Bandsäge stark ausschlagen, sind vermutlich die Kugellager schuld. Kontrollieren Sie, ob das Innenteil des Lagers zu viel Spiel hat. Hochwertige Kugellager sollten sehr präzise gearbeitet sein. Ein anderer möglicher Grund ist, dass die Lager nicht vollflächig auf der Rolle aufliegen, weil der Arbeitstisch der Ständerbohrmaschine nicht waagerecht stand, als die Aufnahme für das Lager gebohrt wurde. Vielleicht ist das Lager aber auch nicht genau in der Mitte der Rolle angebracht. Falls die Vibrationen so stark sind, dass die Funktion der Bandsäge beeinträchtigt wird, müssen Sie die Lager ersetzen oder neue Rollen anfertigen.

SCHRITT 40: In den nächsten zwei Schritten werden die drei Rollen zu Ende geformt. Sehen Sie sich deshalb noch einmal die Schritte 19 und 32 an. Nehmen Sie die hintere und die obere Rolle ab, um sie zu formen (sie werden in Schritt 41 wieder angebracht). Setzen Sie Atemschutz auf; jetzt wird es staubig. Schalten Sie den Motor an, und formen Sie mit einer Raspel und grobem Schleifpapier die untere Rolle. Ihr Ziel ist eine leicht ballige Lauffläche, deren höchste Stelle genau in der Mitte der Lauffläche liegt. Die Außenkanten sollten etwa 3 mm tiefer liegen als die Mitte **(ABBILDUNG 36 UND 37)**. Übertreiben Sie es nicht, um den Durchmesser der Rolle nicht zu stark zu verringern.

SCHRITT 41: Wenn die Rolle geformt ist, nehmen Sie die Riemenscheibe ab und befestigen sie an einer anderen Rolle. Montieren Sie diese Rolle und die Riemenscheibe anstelle jener an, die Sie gerade bearbeitet haben. Wiederholen Sie den Vorgang, bis alle drei Rollen ballige Laufflächen haben. Bringen Sie eine fertige Rolle am hinteren Halterungsklotz an (in Schritt 19 wird die richtige Abstandseinrichtung dafür erörtert), die zweite am oberen Halterungsklotz (hierfür wird die Abstandseinrichtung in Schritt 32 erklärt), und lassen Sie die dritte Rolle unten an der Riemenscheibe.

Teil Vier: Blattführungen

SCHRITT 42: Schneiden Sie aus Laubholz einen Klotz mit den Abmessungen 38 x 50 x 20 mm. Bringen Sie an einer Seite eine 50 mm langes Stück T-Nutschiene an. Bohren Sie genau in der Mitte der Fläche unter der T-Nutschiene ein 8-mm-Loch **(ABBILDUNG 38)**.

SCHRITT 43: Bringen Sie an der anderen Seite ein zweites Stück T-Nutschiene in 3 mm Entfernung von der Bezugsseite an **(ABBILDUNG 39)**.

SCHRITT 44: Stellen Sie diese Baueinheit auf ein 20 mm starkes Stück Restholz. Schneiden Sie daraus ein 80 x 38 mm großes Stück zu. Stellen Sie es hochkant neben die soeben angefertigte Baueinheit, und markieren Sie den in **ABBILDUNG 40** gezeigten Punkt.

SCHRITT 45: Stellen Sie die Baueinheit so auf die Werkbank, dass die T-Nutschiene, die bündig mit der Kante abschließt, oben links liegt. Legen Sie das 80 mm lange

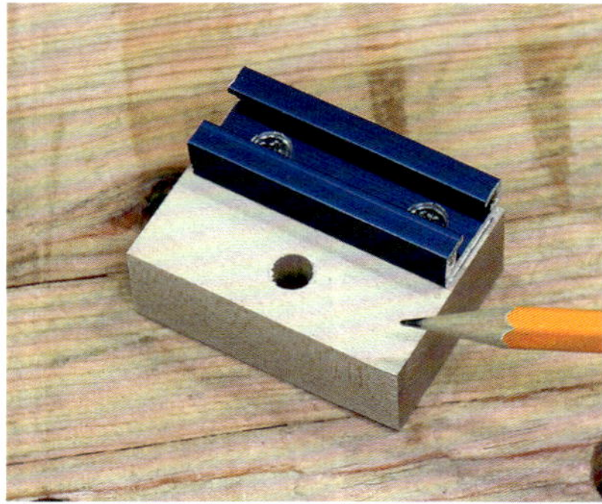
Abbildung 38

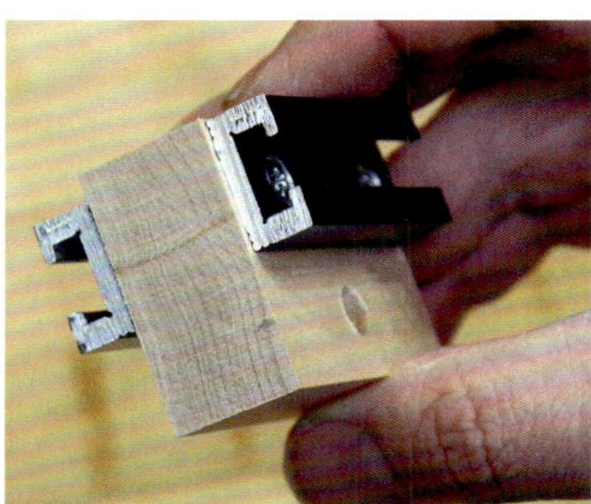
Abbildung 39

Abbildung 40

Abbildung 41

Abbildung 42

Abbildung 43

Stück so darauf, dass es mit dem hinteren Ende abschließt und der soeben markierte Punkt mit der linken Kante des Klotzes fluchtet wie in **ABBILDUNG 41** zu sehen. Befestigen Sie das Stück mit Schrauben und Leim.

SCHRITT 46: Befestigen Sie ein 65 mm langes Stück T-Nutschiene an der Kante des oberen Klotzes wie in **ABBILDUNG 42** zu sehen.

SCHRITT 47: Schneiden Sie aus Laubholz einen Klotz mit den Maßen 100 x 47 x 20 mm. Befestigen Sie ein 75 mm langes Stück T-Nutschiene in 20 mm Entfernung von einer der Längskanten, sodass es wie in **ABBILDUNG 43** gezeigt die kurze Kante berührt.

SCHRITT 48: Stellen Sie die größere Baueinheit so wie in **ABBILDUNG 44** gezeigt auf die T-Nutschiene, die Sie soeben montiert haben. Befestigen Sie die beiden Teile mit einer 25 mm langen 6-mm-Maschinenschraube und eine Gleitmutter aneinander.

SCHRITT 49: Legen Sie ein Kugellager und zwei Unterlegscheiben (zwischen Kugellager und T-Nutschiene) auf die T-Nutschiene, und befestigen Sie es mit einer 6-mm-Flachkopfmaschinenschraube und einer Gleitmutter **(ABBILDUNG 45)**.

Abbildung 44

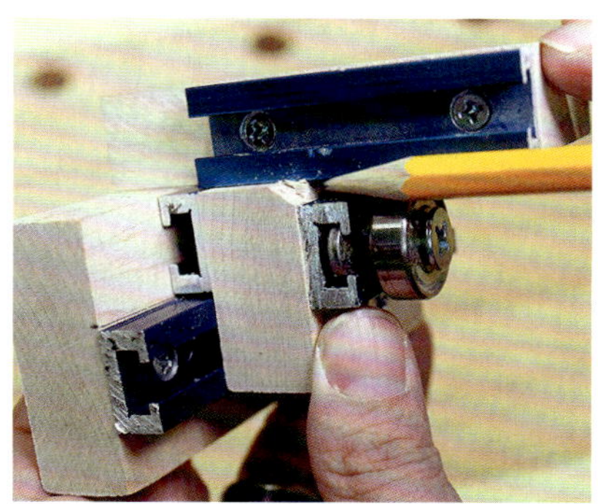
Abbildung 45

Abbildung 46

SCHRITT 50: Schneiden Sie vier Gleitmuttern knapp links vom Loch ab, um eine kürzeres Ende zu erhalten **(ABBILDUNG 46)**.

SCHRITT 51: Stechen Sie die Ecke des Blocks in **ABBILDUNG 45** mit dem Stechbeitel ab. So können die Kugellager frei laufen

SCHRITT 52: Bringen Sie zwei Lager mit zwei der zugeschnittenen Gleitmuttern an der vorderen T-Nutschiene an **(ABBILDUNG 47)**. Richten Sie die abgeschnittenen Enden zur Mitte der T-Nutschiene, damit die beiden Kugellager dichter aneinander liegen können. Legen Sie jeweils eine Unterlegscheibe zwischen das Lager und die T-Nutschiene.

SCHRITT 53: Bringen Sie die untere Blattführung in der größeren der beiden Ausklinkungen in Teil G des Gestells an. Verwenden Sie dazu nur Schrauben, keinen Leim **(ABBILDUNG 48)**.

Abbildung 47

Abbildung 48

Abbildung 49

SCHRITT 54: Schneiden Sie aus Laubholz eine Kantel mit den Maßen 300 x 40 x 40 mm zu. Sie können auch zwei Leisten mit 20 mm Stärke zusammenleimen, um die erforderliche Stärke zu erhalten.

SCHRITT 55: Schneiden Sie aus 20 mm starkem Laubholz zwei Klötze nach Maßgabe von **ABBILDUNG 52**. Die Nut ist 6 mm tief und gerade breit genug, um ein Stück T-Nutschiene aufzunehmen (20 mm). Schneiden Sie die Nut nicht zu breit!

SCHRITT 56: Schneiden Sie am Ende der 300 mm langen Kantel in 11 mm Entfernung von einer der Kanten eine 3 mm tiefe Nut. Verwenden Sie einen Schiebeklotz, um das Unterteil zu stützen und das Werkstück beim Schnitt senkrecht zum Arbeitstisch zu halten **(ABBILDUNG 49)**.

SCHRITT 57: Legen Sie ein 70 mm langes Stück T-Nutschiene in die Nut am Ende des langen Bauteils, und befestigen Sie es mit Schrauben **(ABBILDUNG 50)**.

SCHRITT 58: Bohren Sie in 25 mm Entfernung von der Kante ein 8-mm-Loch genau in die Mitte der Nut im größeren Klotz **(ABBILDUNG 50 UND 52)**.

SCHRITT 59: Befestigen Sie den kleineren Klotz mit Schraubwen am größeren **(ABBILDUNG 51)**.

Abbildung 50

Abbildung 51

SCHRITT 60: Befestigen Sie ein 40 mm langes Stück T-Nutschiene an der Fläche des kleineren Klotzes (**ABBILDUNG 53**).

SCHRITT 61: Befestigen Sie die Baueinheit an der Unterseite der 300 mm langen Kantel (**ABBILDUNG 54**). Die T-Nutschiene wird in die Nut eingelegt, und eine 25-mm-Maschinenschraube wird durch die Bohrung in der Baueinheit gesteckt und in eine Gleitmutter in der T-Nutschiene eingedreht. Das ermöglicht es, die obere Blattführung auf unterschiedlich breite Sägeblätter einzustellen. Falls die Maschinenschraube nicht vollständig angezogen werden kann, legen Sie ein oder zwei Unterlegscheiben ein.

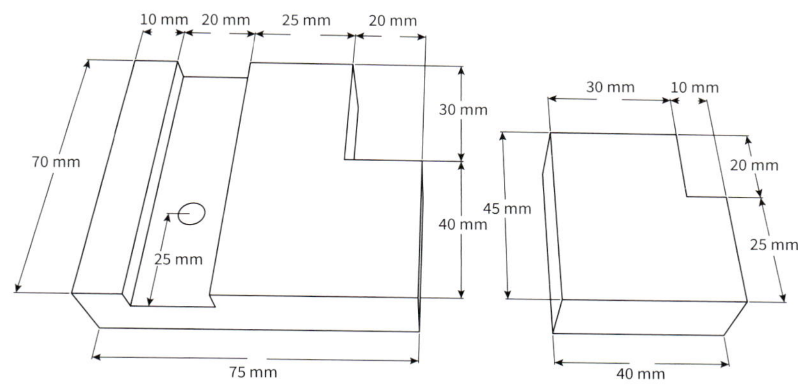

Abbildung 52

Rollschuhlager

Die Kugellager für diese Maschine kann man gut aus einem alten Paar Rollschuhe oder Inline-Skaters nehmen. Sie sind für wenig Geld gebraucht auf Flohmärkten zu bekommen, und aus jedem Paar gewinnt man 16 Lager (2 pro Rad)! Der Durchmesser des Lochs in der Mitte mag unterschiedlich ausfallen, aber wenn Sie Flachkopfschrauben mit Maschinengewinde zur Befestigung verwenden, wird das Lager durch den konischen oberen Schaftteil zentriert, wenn Sie die Schraube anziehen. Es kann sein, dass Sie das Rad des Rollschuhs zerschneiden müssen, um an das innenliegende Lager zu gelangen. Diese Lager sind auch für alle möglichen anderen Werkstücke nützlich. Wenn Sie also ein billiges Paar Rollschuhe oder Inliner sehen, schlagen Sie zu!

SCHRITT 62: Legen Sie Teil M aus der Materialliste bereit. In das Teil werden zwei Löcher gebohrt, die groß genug sind, um 6-mm-Einschlagmuttern aufzunehmen. Beide Löcher liegen 25 mm von der linken Kante entfernt, das erste 25 mm von der Unterkante, das zweite 100 mm darüber (**ABBILDUNG 55**).

Abbildung 53

Abbildung 54

Abbildung 55

Abbildung 56

SCHRITT 63: Bringen Sie die Einschlagmuttern in den Bohrungen an (**ABBILDUNG 55**). Drehen Sie in jede Mutter eine 50 mm lange 6-mm-Schlossschraube so ein, dass der Kopf zur Mutter weist. Drehen Sie auf das Ende jeder Schlossschraube eine 6-mm-Mutter und eine Flügelgriffe mit 6-mm-Gewinde. Drehen Sie die Muttern fest gegen die Flügelgriffe (**ABBILDUNG 56**).

SCHRITT 64: Befestigen Sie Teil M wie in **ABBILDUNG 57** zu sehen. Drehen Sie zwei Schrauben durch die hintere Platte in die Kante von Teil M und zwei weitere links von den Flügelschrauben durch die Vorderseite des Teils in das Gestell.

Die Wahl des Bandsägeblatts

Bandsägeblätter gibt es in verschiedenen Ausführungen, und an dieser Stelle reicht der Platz nicht, um Dinge wie Zahngeometrie, -abstand und anderes mehr zu erörtern. Lassen wir es mit den Grundlagen bewenden. Diese Säge ist für ein 2630 mm langes Sägeblatt konstruiert, lässt aber Raum für gewisse Anpassungen Man kann zwar vermutlich auch ein breiteres Blatt aufspannen, aber ich würde mich auf 10 mm oder weniger beschränken. Breitere Blätter erfordern eine sehr viel höhere Spannung, was eine Herausforderung auch für das stabilste Gestell aus Holz darstellt, und die schmaleren Blätter legen sich auch besser um die 255-mm-Rollen.

Abbildung 57

Abbildung 58

SCHRITT 65: Schieben Sie den Schaft der fertigen oberen Blattführung in den Hohlraum hinter Teil M, und ziehen Sie die Flügelgriffe an, um ihn zu arretieren (**ABBILDUNG 58**).

SCHRITT 66: Falls Sie es nicht bereits getan haben, bringen Sie jetzt die obere und untere Rolle wieder an. Achten Sie darauf, sie wieder in der gleichen Ebene auszurichten wie zuvor.

SCHRITT 67: Bringen Sie die hintere Rolle mit einem 25-mm-Abstandshalter an (vgl. Schritt 19). Kontrollieren Sie mit einem Richtscheit, ob die Rolle in der gleichen Ebene liegt wie die obere Rolle. Verwenden Sie gegebenenfalls Unterlegscheiben, um dies sicherzustellen.

Teil Fünf: Staubabsaugung

SCHRITT 68: Die Teile der Staubabsaugung sind in der Materialliste aufgeführt, aber Sie können auf die in **ABBILDUNG 60** gegebenen Maße zurückgreifen, um Schrägen und ähnliches zu schneiden.

SCHRITT 69: Das Loch in Teil AA sollte stramm um das Fitting am Schlauchende Ihrer Staubabsauganlage passen.

SCHRITT 70: Befestigen Sie die Teile Y und Z mit Leim und Drahtstiften an Teil BB **(ABBILDUNG 59)**.

SCHRITT 71: Befestigen Sie die Teile X, AA und CC mit Leim und Drahtstiften **(ABBILDUNG 61)**.

Abbildung 59

Abbildung 61

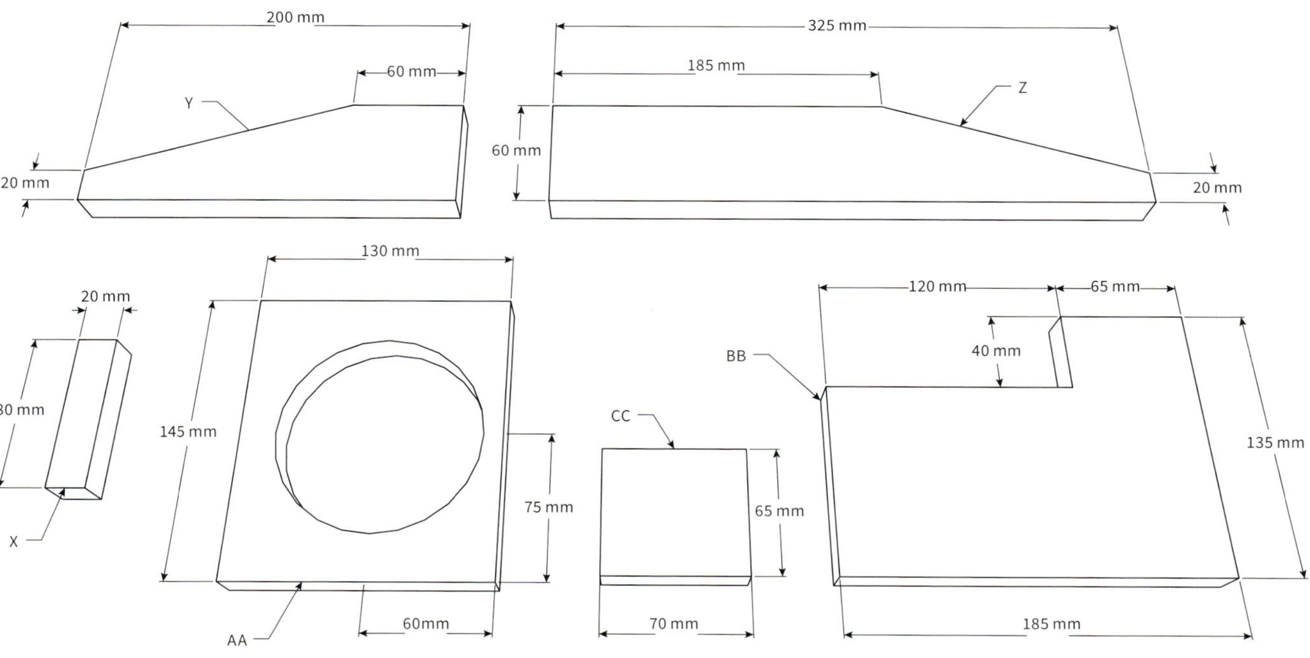

Abbildung 60

SCHRITT 72: Um die Leistung der Staubabsaugung zu verbessern, können Sie die Fugen abdichten. Die Verbesserung ist jedoch minimal (**ABBILDUNG 62**).

SCHRITT 73: Bringen Sie die Staubabsaugung in den Ausklinkungen des Gestells an (**ABBILDUNG 63 UND 64**).

SCHRITT 74: Ziehen Sie das Sägeblatt auf. Verstellen Sie die Blattführungen, sodass die Kugellager möglichst dicht am Blatt liegen, ohne es zu berühren. Prüfen Sie die Einstellung, indem Sie die Rollen mit der Hand drehen. Prüfen Sie auch den Blattlauf, indem Sie die Rollen mit der Hand drehen. Verstellen Sie die Schraube hinter der oberen Rollenhalterung, um Veränderungen vorzunehmen, bevor Sie die Säge das erste Mal einschalten.

Abbildung 62

Abbildung 63

Abbildung 64

Teil Sechs: Der Schiebetisch

SCHRITT 75: Verleimen Sie die Teile S1 und S2 miteinander. Bringen Sie sie an der rechten Gestellseite außen am Teil H3 an **(ABBILDUNG 65)**. Die S-Teile sollten 150 mm über die hintere Kante von H3 hinausragen. Achten Sie darauf, dass die Teile im Winkel von 90° zueinander stehen und die Oberkanten fluchten, und befestigen Sie sie dann mit Schrauben an.

SCHRITT 76: Messen Sie den Abstand von der äußeren (rechten) Seite der S-Teile (die wir ab jetzt als „rechte Schiebetischstütze" bezeichnen werden) bis zum Sägeblatt. Übertragen Sie dieses Maß auf die 845 mm lange Vorderkante der unteren Platte des Schiebetischs (Teil U). Bohren Sie an dieser Stelle ein 10-mm-Loch bis zu einer Tiefe von 40 mm in die Kante der Platte **(ABBILDUNG 66)**.

SCHRITT 77: Legen Sie die Platte so auf die Tischkreissäge, dass das Loch zum Sägeblatt weist. Da das Loch nicht mittig in der Kante liegt, ist der Abstand zur der einen Ecke größer als zur anderen. Die größere Strecke sollte zu Ihrer Rechten liegen. Stellen Sie den Parallelanschlag so ein, dass der Sägeschnitt genau durch die Mitte des Bohrlochs führt. Stellen Sie das Sägeblatt auf die größte Schnitttiefe ein, und sägen Sie 265 mm zur Mitte der Platte hin ein. Schalten Sie die Tischkreissäge aus, bevor Sie die Platte abnehmen **(ABBILDUNG 67)**. Dieses ist die „untere Arbeitstischplatte".

SCHRITT 78: Verstellen Sie den Parallelanschlag der Tischkreissäge nicht. Nehmen Sie Teil W aus der Materialliste zur Hand. Es sollte 635 mm breit sein, also absichtlich ein Übermaß aufweisen. Schneiden Sie es mit der gleichen Einstellung des Parallelanschlags schmaler. Dieses ist die „obere Arbeitstischplatte".

SCHRITT 79: Messen Sie von der Sägenut in der unteren Arbeitstischplatte bis zur näher liegenden Kante. Schneiden Sie die Platte V auf diese Breite, da auch sie in der Materialliste absichtlich mit Übermaß angegeben ist. Dieses ist die „Schiebetischplatte" **(ABBILDUNG 68)**.

Abbildung 65

Abbildung 66

Abbildung 67

Abbildung 68

SCHRITT 80: Rüsten Sie die Tischkreissäge mit einem Nutsägeblatt oder die Handoberfräse mit einem Nutfräser auf, um eine Nut zu schneiden, deren Breite derjenigen der T-Nutschiene entspricht. Stellen Sie die Schnitthöhe genau auf die halbe Tiefe der T-Nutschiene ein. (Verwenden Sie Restholzstücke, um mit einigen Probeschnitten sicherzustellen, dass die Breite und Tiefe der Nut genau richtig sind.) Stellen Sie den Parallelanschlag 25 mm von der Schneide ein, und schneiden Sie eine Nut in die Fläche der unteren Arbeitstischplatte (**ABBILDUNG 68**).

SCHRITT 81: Schneiden Sie, ohne den Parallelanschlag zu verstellen, eine Nut entlang der Kante der Schiebetischplatte (**ABBILDUNG 68**).

SCHRITT 82: Verstellen Sie den Parallelanschlag auf 150 mm von der Schneide, und schneiden Sie in die gleiche Fläche der beiden Platten jeweils zwei weitere Nuten. Sie erhalten so in jeder Platte zwei Nuten in der gleichen Position (**ABBILDUNG 68**).

SCHRITT 83: Stellen Sie die Schnitttiefe jetzt auf die Gesamttiefe der T-Nutschiene ein. Schneiden Sie in das gegenüberliegende Ende der Schiebetischplatte zwei Nuten. Sie sollten genau zwischen den unter ihnen liegenden Nuten positioniert werden wie in **ABBILDUNG 69** zu sehen. Hinweis: Die Lage Ihrer Nuten kann leicht von der Darstellung abweichen. Sie hängt von der Position des Sägeblatts ab, von der die Breite der Platten bestimmt wurde.

SCHRITT 84: Bringen Sie T-Nutschienen in den Nuten der unteren Arbeitstischplatte und der Schiebetischplatte an. Die beiden Platten sollten sich genau aufeinander legen und leichtgängig bewegen lassen (**ABBILDUNG 70**).

Abbildung 69

Abbildung 70

Abbildung 71

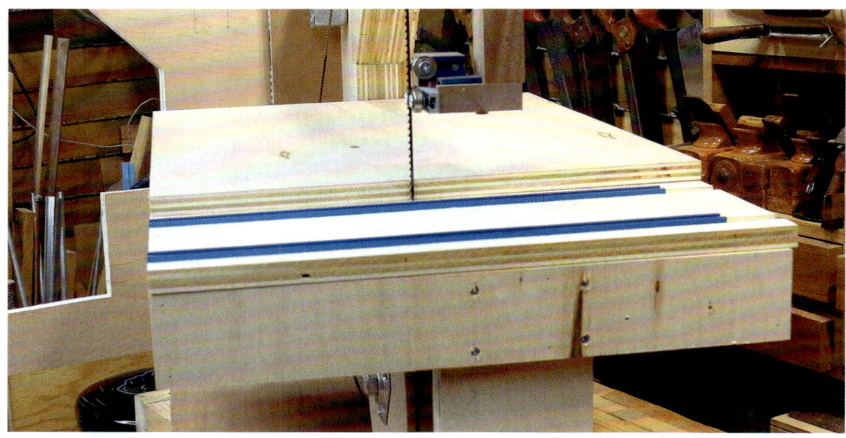

Abbildung 72

SCHRITT 85: Leimen Sie die obere Arbeitstischplatte so auf die untere Arbeitstischplatte, dass die linken und vorderen Kanten fluchten (**ABBILDUNG 71**).

SCHRITT 86: Befestigen Sie die ganze Tischeinheit mit Schrauben an den Tischstützen am Gestell. Versenken Sie die Schraubenköpfe. Die Schrauben auf der rechten Seite des Tischs sollten unter der Schiebetischplatte liegen (**ABBILDUNG 72**).

Abbildung 73

Abbildung 74

SCHRITT 87: Kontrollieren Sie mit einem Kombiwinkel, ob der Schiebetisch parallel zum Sägeblatt läuft, wenn Sie die linke Seite der Tischeinheit an den Stützen anbringen. Legen Sie den Winkel so an, dass das Ende der Zunge das Sägeblatt berührt, wenn der Tisch ganz nach vorne geschoben ist **(ABBILDUNG 73)**. Prüfen Sie dann, ob es das Sägeblatt ebenfalls berührt, wenn der Tisch ganz zurückgezogen ist **(ABBILDUNG 74)**. Die Tischstützen auf der rechten Seite geben etwas nach, Sie können also auf die linke vordere Ecke der gesamten Tischeinheit Druck ausüben, bis die Kontrolle mit dem Winkel zeigt, dass die Einstellung stimmt. Befestigen Sie dann die linke Kante der Tischeinheit mit Schrauben wie im vorigen Schritt beschrieben.

SCHRITT 88: Die vordere Abdeckung ist nicht zwingend notwendig, aber eine gute Sicherheitsmaßnahme. Sie kann aus Sperrholz nach Maßgabe der **ABBILDUNG 77** zugeschnitten werden. Eventuell müssen Sie jedoch Änderungen vornehmen, um sie an Ihre Bandsäge anzupassen. Kontrollieren Sie also die Maße, bevor Sie sägen! Bringen Sie die Abdeckung mit Scharnieren an der linken Seite der Säge an **(ABBILDUNG 75)**.

Abbildung 75

SCHRITT 89: An der rechten Kante der Abdeckung müssen zwei kleine Platten angebracht werden **(ABBILDUNG 76)**. Die obere ist 405 mm breit, die untere 50 mm. Ändern Sie die Maße gegebenenfalls, sodass beide Platten das Gestell berühren, wenn die Abdeckung geschlossen ist. Sie können die Platten auch mit Riegeln versehen, die am Gestell eingeschoben werden, um die Abdeckung schließen zu können, falls das notwendig ist.

Abbildung 76

HINWEIS: Ursprünglich sah mein Entwurf für die Bandsäge keine Abdeckung vor. Ich wollte sehen, wie sich die Rollen drehen! Aber das freiliegende Sägeblatt sieht schon etwas furchteinflößend aus, und die Sicherheitsleute sagten, ich sollte sie abdecken. Das schuf ein Problem – man muss die Abdeckung öffnen, um die Säge einzuschalten! Das mag Sie nicht weiter stören, aber ich habe mich der Sache angenommen und ein paar Lösungen entwickelt, mit der Sie Ihre Bandsäge nachträglich ausstatten können. Sie sind als Video kostenfrei auf unserer Internetseite zu finden (siehe Kastentext auf S. 148.

SCHRITT 90: Schneiden Sie das Gewinde eine 10-mm-Schraube ab. Der Kopf dient als Stift, um den Tisch eben zu halten. Bringen Sie ihn an, nachdem alles montiert und das Sägeblatt aufgezogen ist **(ABBILDUNG 78)**.

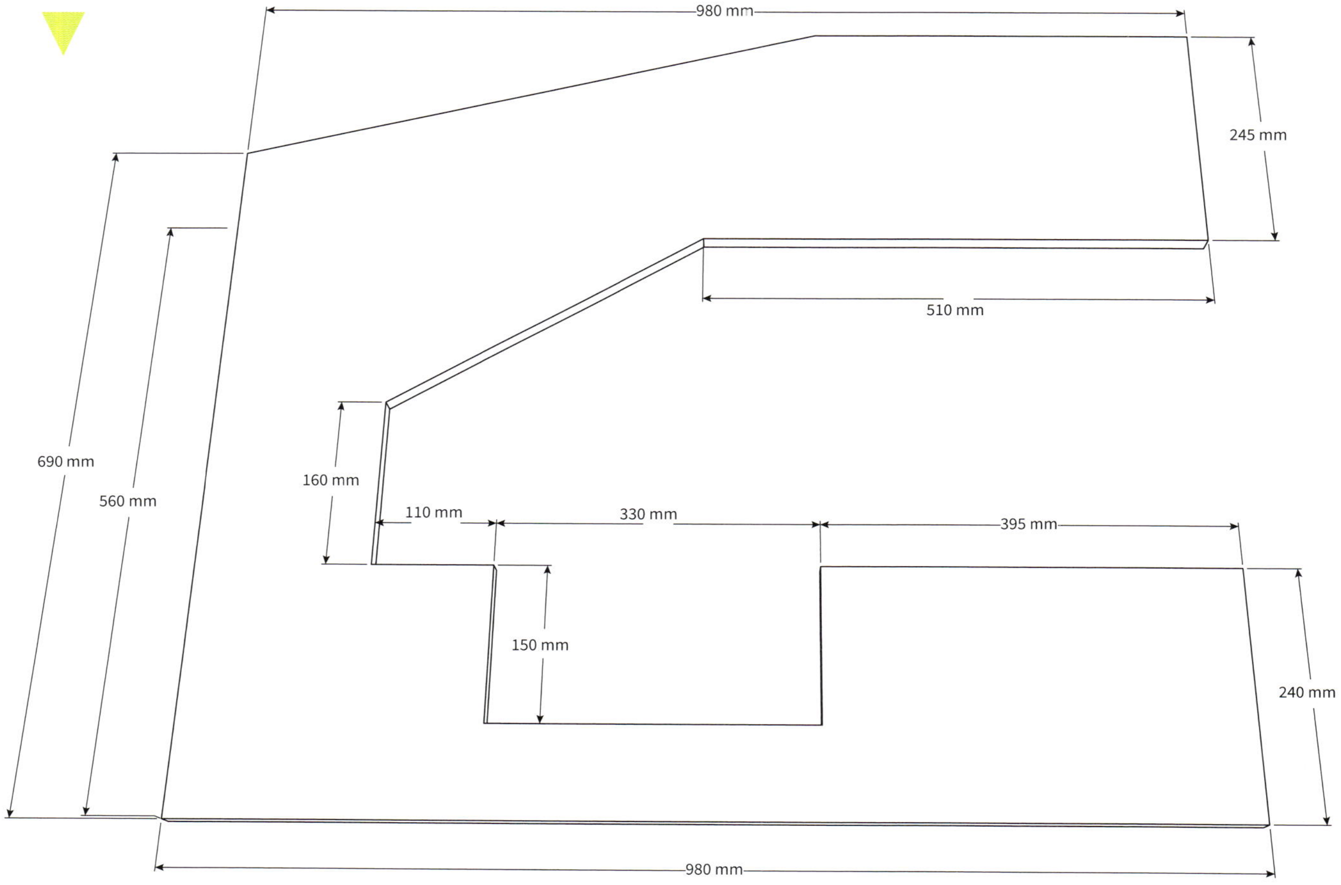

980 mm
245 mm
510 mm
690 mm
560 mm
160 mm
110 mm
330 mm
395 mm
150 mm
240 mm
980 mm

Abbildung 77

Abbildung 78

Wichtig:

Bevor Sie die Säge einschalten...

- Sind alle drei Schrauben an den Rollenhalterungen fest angezogen?
- Liegen alle drei Rollen in der gleichen Ebene?
- Ist der Schalter vorschriftsgemäß angeschlossen?
- Läuft das Band mittig auf den Rollen?
- Ist der Deckel an der Säge angebracht und geschlossen?

Wir haben einige Gratis-Videos produziert, um Ihnen zu helfen, das Beste aus Ihrer neuen Bandsäge zu machen. Wir zeigen Ihnen, wie man sie einstellt, wie man den Schiebetisch einsetzt und auch, wie man einen Anschlag baut. Sie sollten auf jeden Fall vorbeischauen: stumpynubs.com/homemade-tools/html.